鱼病诊治实操图解

占家智　邢九保　奚业文　羊茜　**编著**

本书以“看图识病、类症鉴别、综合防治”为目的，从生产实际和临床诊治需要出发，结合笔者多年的临床教学和诊疗经验进行介绍，包括认识鱼病、鱼病的科学预防和治疗、鱼病诊治的常用渔药及使用、病毒性疾病的诊断与防治、细菌性疾病的诊断与防治、原生动物性疾病的诊断与防治、真菌性疾病的诊断与防治、蠕虫性疾病的诊断与防治、甲壳动物性疾病的诊断与防治、非寄生性疾病的诊断与防治、营养性疾病的诊断与防治、敌害类疾病的防治方面的内容。

本书图文并茂，语言通俗易懂，内容简明扼要，注重实际操作，可供养鱼生产者及水产养殖工作人员使用，也可作为农业院校相关专业师生教学（培训）用书。

图书在版编目（CIP）数据

鱼病诊治实操图解 / 占家智等编著. -- 北京 : 机械工业出版社，2024. 12. -- ISBN 978-7-111-77151-7

Ⅰ. S942-64

中国国家版本馆CIP数据核字第2024YY3704号

机械工业出版社（北京市百万庄大街22号 邮政编码100037）

策划编辑：周晓伟 高 伟 责任编辑：周晓伟 高 伟 王华庆

责任校对：李 杉 刘雅娜 责任印制：单爱军

保定市中画美凯印刷有限公司印刷

2025年1月第1版第1次印刷

190mm×210mm・7印张・206千字

标准书号：ISBN 978-7-111-77151-7

定价：69.80元

电话服务

客服电话：010-88361066

010-88379833

010-68326294

网络服务

机 工 官 网：www. cmpbook. com

机 工 官 博：weibo. com/cmp1952

金 书 网：www. golden-book. com

机工教育服务网：www. cmpedu. com

前　言

随着渔业生产的快速发展，水产养殖对象和养殖面积不断扩大，养殖产量持续走高，养殖密度也不断增加，加上鱼苗、鱼种的引进与输出的数量不断加大，各地区之间鱼类的活体交流也变得更加频繁，从而使各地区间的鱼病在我国各地流行也变得更加容易，传播速度日益加剧，导致水产养殖品种的病害频繁发生，经济损失严重，已成为21世纪水产养殖业发展的重要制约因素之一，所以对鱼类疾病的预防和治疗已成为养殖户最迫切需要解决的问题。

"养鱼不瘟，富得发昏"，这是渔民朋友对养鱼成果的一种期盼，也是长期以来他们对鱼病成为渔业发展中最主要的限制性因素的真实体会。编著者长期处在生产前沿，与广大渔民打交道，因此，最能了解渔民对鱼病尤其是各类暴发性鱼病的恐惧心理，也理解他们期望快速、方便地诊治鱼病，减轻渔业损失的心理。编著者在为广大渔民进行渔业服务的过程中感觉到，现在的鱼病已经比过去有了一定的变化，主要表现在三个方面：一是过去一些人们不知道的鱼病现在发生了，例如，1998年前后在河蟹养殖区发生的颤抖病就是明显的例子；二是过去危害性不大的鱼病现在变得非常猖獗，具有严重的危害性；三是过去是区域性的鱼病现在变成了全国性的鱼病，流行范围更广了。

帮助渔民朋友快速诊断、预防、治疗鱼病是渔业科技工作者的主要职责之一。正是基于这个目的，编著者根据多年的工作经验，参阅了大量的科技资料，编写了这本图文并茂的书，相信这本既注重鱼病预防又注重鱼病治疗的书定能成为广大渔民朋友们的无声朋友。

需要特别说明的是，本书所用药物及其使用剂量仅供读者参考，不可照搬。在生产实际中，所用药物学名、常用名和实际商品名称有差异，药物浓度也有所不同，建议读者在使用每一种药物之前，参阅厂家提供的产品说明以确认药物用量、用药方法、用药时间及禁忌等。购买兽药时，执业兽医有责任根据经验和对患病动物的了解决定用药量及选择最佳治疗方案。

由于编著者的水平有限，加上鱼病也在不断地变化中，有些问题可能讲得还不是很深入，也有可能有一些谬误，但相信瑕不掩瑜，希望本书能够为全国渔民朋友带来帮助。在此，恳请广大读者和同仁能及时针对书中不足之处给予批评指正！

编著者

目　录

第六章　原生动物性疾病的诊断与防治

第七章　真菌性疾病的诊断与防治

第八章　蠕虫性疾病的诊断与防治

第九章　甲壳动物性疾病的诊断与防治

第十章　非寄生性疾病的诊断与防治

第十一章　营养性疾病的诊断与防治

第十二章　敌害类疾病的防治

第一章

认识鱼病

随着我国水产养殖技术的成熟、养殖密度的加大、亩产量的增加，水产养殖病害也呈现不断扩大的趋势，目前我国各地的水产病害种类也不断增加，由最初的100余种上升到目前的200多种，其中细菌病、病毒病、寄生虫病占80%左右；每年病害发病率达50%以上，损失率为30%左右；年经济损失达百亿元。

一、了解鱼病

1. 鱼病的概念

鱼病就是由各种致病因素共同或单一作用于鱼体，从而导致鱼类正常生命活动出现异常的现象。当鱼体正常的机体平衡遭到破坏，在行为上和自身能力上就会表现出一定的症状，例如，对外界环境变化的适应能力降低、游动缓慢、食欲不佳甚至拒食，体表出现脱鳞、出血、死亡等一系列症状；鱼病发生时，体内也发生一些明显的症状，例如，肠道有积液、腹部有腹水（图1-1）、肠道发红等。许多鱼在发生疾病时，最先表现出来的就是体表和鳃，体表出现明显的鳞片脱落、黏液减少、皮肤创伤等情况，鳃部表现明显的症状是烂鳃（图1-2）、鳃盖侵蚀缺失、鳃部充血、鳃丝糜烂等情况。

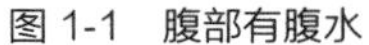
图 1-1　腹部有腹水

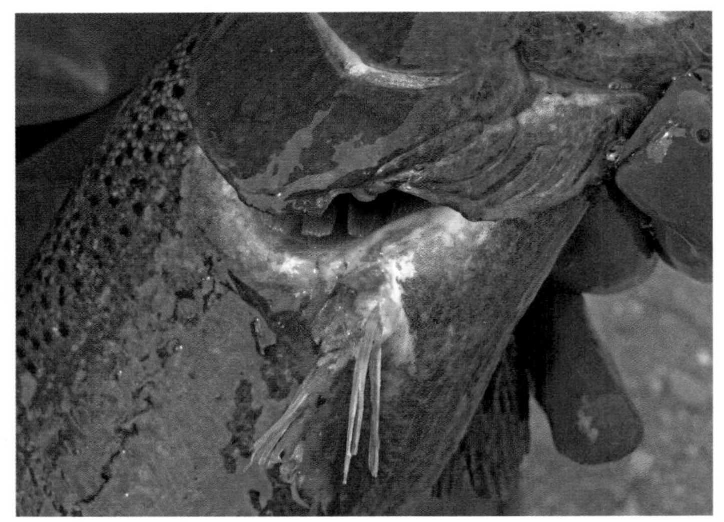

图 1-2　烂鳃

值得注意的是，鱼病的发生不是孤立的，它是由于外界环境中各种致病因素的共同作用和鱼类自身机体反应特性两方面在一定条件下相互作用的结果。在诊治和判断鱼病时，要对这两方面加以认真分析，不可轻易地以某一方面而草率地鉴定病原、病因，因为鱼类机体的一些反常现象并不能作为判断鱼类患病与否的唯一标准。在观察鱼病时，要与当时的水域环境条件和气候条件结合起来综合考虑。

2. 鱼病的发生规律

鱼病发生有一定的季节性，且与天气和温度的变化密切相关。4~5 月、8~9 月是一年中气候两次变更的时间，也是各种鱼病的高发期。由于鱼类是冷血动物，对外界气候变化的反应敏感，因此，鱼类对环境变化必须进行生理性调节，才能适应春暖冬寒的自然变化。两次气候变更时期是鱼类生理上的薄弱环节，对外抵抗能力较差，加上这两个时期气温、水温比较适中，各种病原生物容易繁衍，一旦病原生物侵袭鱼体，就容易引发鱼病。

不同的季节鱼病发生的种类也略有差异，每年 4 月下旬至 5 月上旬，主要有车轮虫病、竖鳞病、烂鳃病、肠炎病、指环虫病等发生，尤其是以 2 龄鱼种发病为主；每年 8 月下旬至 9 月上旬，主要有出血病、肠炎病（图 1-3）、烂鳃病、鳃隐鞭虫病等发生，以 1 龄鱼种发病为主。

3. 我国鱼病发生的特点

根据我国有关渔业部门对全国近几年的病害监测结果可以看出，我国鱼病发生有以下的特点：

一是发病品种多。无论是常规养殖品种还是名特优水产品，一旦进行人工养殖，都会发生各种各样的疾病。

二是疾病种类趋多。常见的疾病有病毒性疾病、细菌性疾病、真菌性疾病、侵袭性疾病、藻类性疾病等，且比以前有所增加。

三是多病原、多病种发病趋势明显。据全国水产病害监测结果表明，水生动物病害已由单一病原向多病原综合演化，这与目前的养殖方式、养殖环境等因素密切相关。

四是疾病发病时间长，涉及面广。水生动物疾病发病时间由传统的春夏或夏秋两季发病高峰逐步向全年发病过渡，发病区域几乎涵盖所有的养殖水域。

五是水生动物重大疾病有暴发流行趋势。尤其是病毒性疾病发病率居高不下，规模越来越大，主要有虹彩病毒病、草鱼出血病（图 1-4）、鳜鱼病毒性暴发病、鳗鲡狂游病、中华鳖鳃腺炎、对虾白斑病、红体病、河蟹颤抖病等。

图 1-3　肠炎病

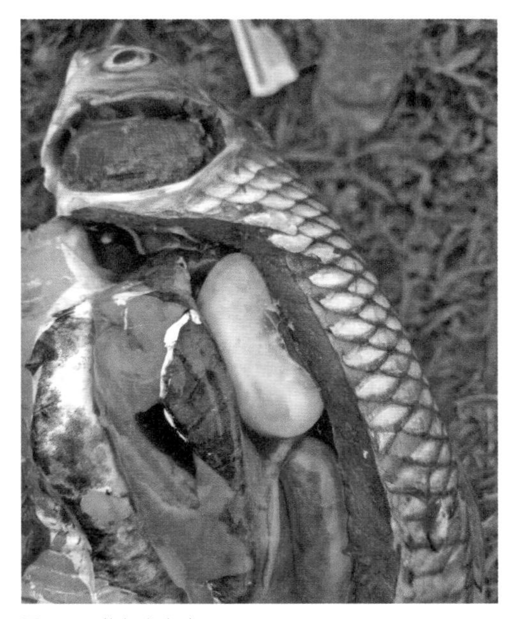

图 1-4　草鱼出血病

二、鱼病发生的因素

鱼病发生的因素主要包括致病生物、鱼体自身因素、环境条件和人为因素等。

1. 致病生物

（1）病原体 常见的鱼类疾病多数都是由于各种致病的生物传染或侵袭到鱼体而引起的，这些致病生物称为病原体。能引起鱼类生病的病原体主要包括真菌、病毒、细菌、霉菌、藻类、原生动物以及蠕虫、蛭类和甲壳动物等，这些病原体是影响鱼类健康的罪魁祸首。在这些病原体中，有些个体很小，需要将它们放大几百倍甚至几万倍后才能看见，一般称它们为微生物，如病毒、细菌、真菌等。由于这些微生物引起的疾病具有强烈的传染性，因此，它们引起的疾病又被称为传染性疾病。有些病原体的个体较大，如蠕虫、甲壳动物等（图 1-5），统称为寄生虫。由寄生虫引起的疾病又被称为侵袭性疾病或寄生虫病。

（2）动物类敌害生物 在养殖时，有些敌害生物能直接吞食或直接危害鱼类，如青蛙会吞食鱼的卵和幼鱼。乌鳢（图 1-6）喜欢捕食各种小型鱼类作为活饵，尤其是在乌鳢繁殖季节，一旦其产卵孵化区域有鱼类游过，乌鳢亲鱼就会毫不留情地扑上去捕食这些鱼。因此水体中有这些生物存在时，对养殖品种的危害极大，需要及时予以捕杀。

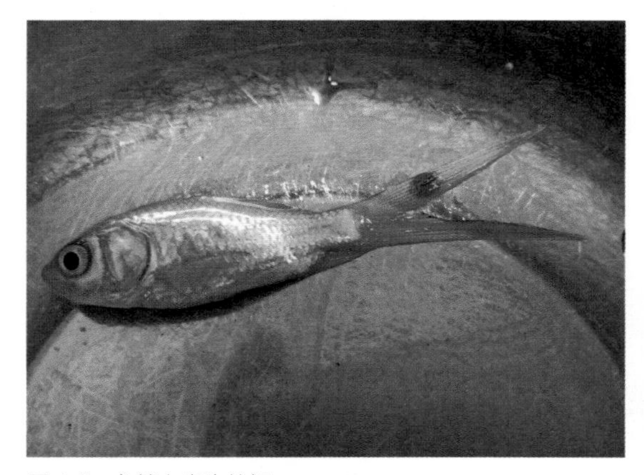
图 1-5 鱼鳍上寄生的鲺

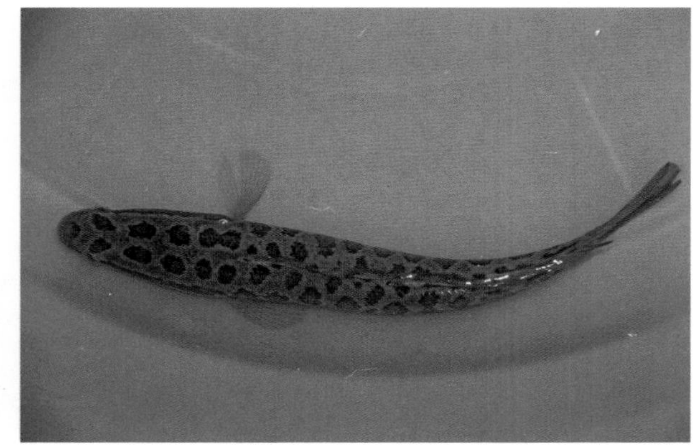
图 1-6 乌鳢

鱼类的敌害主要有鼠、鸟、蛙（图 1-7）、蛇（图 1-8）、其他凶猛鱼类、水生昆虫、水蛭等，这些敌害一方面会直接吞食幼鱼而造成损失；另一方面，它们已成为某些鱼类寄生虫的宿主或传播途径，例如，复口吸虫病可以通过鸥鸟等传播给其他鱼类。

图 1-7 蛙

图 1-8 蛇

（3）植物类敌害生物 一些藻类（如卵甲藻、水网藻等）对鱼类有直接影响。水网藻常缠绕幼鱼并导致幼鱼死亡（图 1-9）；而嗜酸卵甲藻则能引起鱼类发生打粉病。

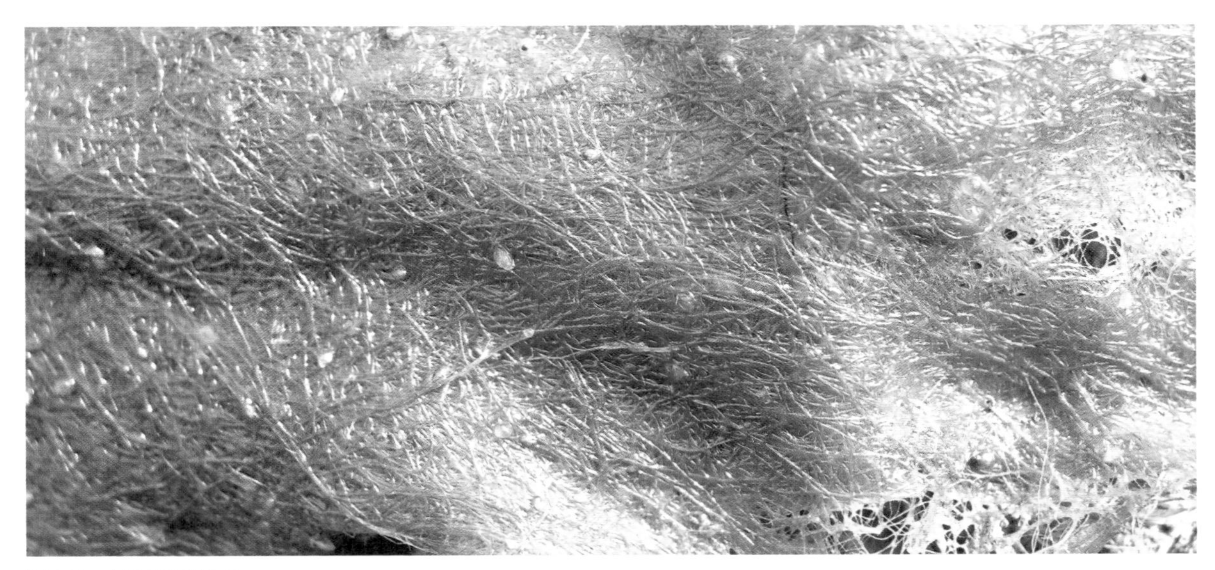

图 1-9 水网藻缠绕幼鱼

2. 鱼体自身因素

鱼体自身因素的好坏是抵御外来病原体的重要因素，一尾自身健康的鱼能有效地预防部分鱼病的发生。自身因素与鱼体的生理因素及免疫能力有关。

（1）生理因素 鱼类对外界疾病的反应能力及抵抗能力随年龄、身体健康状况、营养、大小等的改变而有不同。例如，车轮虫病是苗种阶段常见的流行病，而随着鱼体年龄的增长，即使有车轮虫寄生，一般也不会引起疾病的产生。另外鱼鳞、皮肤及黏液是鱼体抵抗寄生物侵袭的重要屏障。健康的鱼或体表不受损伤的鱼，病原体就无法进入，如打印病、水霉病等就不会发生。而当鱼体一旦不小心受伤，鳞片脱落（图 1-10），又没有对伤口及时进行消炎处理，病原体就会乘虚而入，导致各类疾病的发生。

图 1-10　鱼体受伤鳞片脱落

（2）免疫能力 在受到病原体侵袭时，免疫力强的鱼体可以抵抗病原体的入侵，而免疫力弱的鱼体就可能发病。另外，同一种鱼在不同的生长阶段，对某一种病原体的免疫能力是不同的。例如，白头白嘴病的病原体只能感染幼小的鱼苗，当鱼体长到 5 厘米及以上时，就不容易再受到感染了。

3. 环境条件

环境条件既能影响病原体的毒力和数量，又能影响鱼体的内在抗病能力。很多病原体只能在特定的环境条件下才能引起疾病发生，因此优良的生活环境是保证鱼类健康的前提。处于优良生活环境中的鱼类是很少得病的。环境方面的因素主要包括水温、水质、底质、酸碱度、溶解氧量、有害毒物等物理因素。

（1）水温 对鱼类的生活有直接影响的主要是水温，当水温发生急剧变化时，鱼类由于适应能力不强，就会发生病理反应，导致抵抗力降低而患病。亲鱼或鱼种进温室越冬时，进温室前后的水的温差不能相差过大，如果相差 2~3℃，就会因温差过大而导致鱼类“感冒”，甚至大批死亡。

（2）水质 鱼类生活在水环境中，水质的好坏直接关系到鱼类的生长，好的水环境将会使鱼类不断增强适应生活环境的能力。如果生活环境发生变化，将不利于鱼类的生长发育，当鱼类的机体适应能力逐渐衰退而不能适应环境时，就会失去抵御病原体侵袭的能力，导致疾病的发生。影响水质变化的因素有水体的酸碱度（pH）、溶解氧量、有机耗氧量、透明度、氨氮含量等理化指标。

图 1-11　有机物丰富的底质

（3）底质　底质对池塘养殖的影响较大。底质中（尤其是淤泥中）含有大量的营养物质与微量元素，这些营养物质与微量元素对饵料生物的生长发育、水草的生长与光合作用都具有重要意义。当然，淤泥中也含有大量的有机物，会导致水体耗氧量急剧增加，往往造成池塘缺氧、泛塘，同时有机物丰富的底质中，也是许多病原体和病菌滋生的温床，也是导致鱼病发生的重要因素（图 1-11）。另外在缺氧条件下，鱼体的自身免疫力下降，更易发生疾病。

（4）酸碱度　当水质偏酸时，鱼体生长缓慢，pH 在 5~6.5 之间时，许多有毒物质在酸性水中的毒性也往往增强，导致鱼类体质变差，易患“打粉病”。若饲养水偏碱，高于 9.5 时，鱼的鳃会受刺激而分泌大量的黏液，妨碍鱼体的正常呼吸，即使在溶解氧丰富的情况下也易发生浮头现象，最终导致鱼类生长不良，患病，甚至死亡。

（5）溶解氧量　鱼类在水体中生活，它们的生长和呼吸都需要氧气，水体中溶解氧量的高低对鱼的正常生活有直接影响，是导致鱼病发生的重要因素。当溶解氧不足时，鱼会因缺氧而出现浮头现象（图 1-12）；溶解氧过度不足时，鱼就会因窒息而死亡（图 1-13），俗称泛池或泛塘。如果水体中溶解氧过多或过饱和，会造成鱼苗和鱼种患气泡病。

图 1-12　鱼缺氧出现浮头现象

图 1-13　窒息死亡的鱼

（6）有害毒物 对鱼类有害的毒物很多，常见的有硫化氢以及防治各种疾病的一些重金属盐类。这些毒物不但会引起鱼类中毒，而且能降低鱼体的防御机能，致使病原体容易入侵。急性中毒时，鱼在短期内会出现中毒症状或迅速死亡。当毒物浓度较低时，则出现慢性中毒，短期内不会有明显的症状，但生长缓慢或出现畸形，容易患病。

4. 人为因素

（1）操作不慎 饲养过程中，在给养鱼池换水、拉网捕捞、鱼种运输、亲鱼繁殖以及人工授精时，经常会因操作不当或动作粗糙（图 1-14），使鱼受惊乱窜、乱跳或器具碰伤鱼，使鱼体表的黏液和皮肤受损，造成皮肤受伤出血、鳍条开裂、鳞片脱落等损伤，引起组织坏死，同时伴有出血现象（图 1-15）。例如，烂鳃病、水霉病就是通过此途径感染的。

图 1-14 拉网捕捞时操作不当造成鱼受伤

图 1-15 鱼受伤并伴有出血

（2）外部带入病原体 在鱼类养殖中，我们发现有许多病原体都是人为地由外部带入养殖池的，主要表现在从自然界中捞取天然饵料、购买鱼种、使用饲养用具等时，由于消毒、清洁工作不彻底，带入病原体。小瓜虫病、烂鳃病等多是这样感染发病的。

（3）饲喂不当 鱼类如果饲喂不当、投食不清洁或变质的饲料，或饥或饱，长期饲喂单一饲料，饲料营养成分不足、缺乏动物性饵料和合理的蛋白质、维生素、微量元素等，都会导致鱼类摄食不正常，引起营养缺乏，造成体质衰弱，容易感染患病。当然投饵过多，易引起水质腐败，促进细菌繁衍，导致鱼类感染疾病。因此，我们在养殖过程中，一定要做好投喂的科学性，减少疾病的发生概率（图 1-16）。

图 1-16　科学投喂

（4）药害因素　许多养殖户缺乏科学用药、安全用药的基本知识，病急乱用药，盲目增加剂量，给疾病防治增加了难度。大量使用化学药物及抗生素，会造成正常生态平衡被破坏，最终可能导致抗药性微生物与病毒性疾病暴发。

三、鱼病的诊断

鱼类疾病的诊断主要包括常规诊断和从鱼类的异常上诊断两种方式。

1. 常规诊断

（1）根据疾病的特点快速判断　导致鱼体不正常或者发生死亡现象，一般情况下可以通过以下的几个症状做出快速判断：一是死亡迅速，除有些因素导致的慢性中毒外，鱼体一旦在较短的时间内出现大批量死亡，可能不是疾病引起的；二是症状相同，由于在小环境内，对饲养在一起的鱼体具有相同的影响，所以，如果全部饲养鱼所表现出来的症状、病程和发病时间都比较一致时，就可以判断不是由疾病引起的；三是恢复快，只要环境因素改善后，鱼体可以在短时间内减轻症状，甚至恢复正常，这就说明可能是由浮头或中毒造成的。

在养殖过程中，有经验的技术人员和养殖户通常可通过体表和鱼鳃的变化来初步快速诊断鱼病。鳃部的变化包括鳃丝变粗糙、鳃小片发白或发红、鳃丝上有黏液、鳃盖发白变薄等，通过鳃部的这些症状，就能快速诊断鱼病（图 1-17）。

（2）根据疾病的地区特点判断 由于鱼类的疾病具有明显的地区特点，因此，可根据不同的地区特点大概做出判断。

（3）根据疾病发生的季节特点判断 许多鱼类疾病的发生是根据不同的季节而发生的，这是因为各种不同的病原体都具有最适合其生长、繁殖的条件和温度，而这些均与季节有关，所以可根据鱼病发生的不同季节做出初步判断。例如，青草鱼的出血病主要发生在 7~9 月的炎热季节，水霉病则多发生在春初和秋末等凉爽季节，湖靛、青泥苔等有害水生植物不会在冬季出现。

（4）根据鱼体的症状判断 一般不同的鱼病在鱼体上表现是不同的，这样就可以快速做出判断。

（5）根据患病鱼的种类和生长阶段判断 不同鱼的种类以及不同鱼的生长阶段，对一些鱼病的抵抗力、部分病原体感受性是不同的，它们患病的承受力是不同的，因此可以通过患病鱼体的种类和规格做出简要的判断。例如，剑水蚤仅危害刚孵化一周的鱼苗；打粉病、白头白嘴病多发生于鱼苗阶段。草鱼的出血病、青鱼的肠炎病主要发生在鱼种阶段。赤皮病、打印病（图 1-18）多发生于成鱼阶段。

（6）根据鱼类的栖息环境判断 例如，肠炎病、赤皮病、烂鳃病、打粉病等都发生在酸性的水域环境中；中华鳋、锚头鳋、鱼鲺等寄生虫病则多发生在弱碱性的水域环境中；泛塘多发生在缺氧的水域环境中。

图 1-17 通过鱼鳃上有黏液、鳃盖变薄等症状快速诊断鱼病

图 1-18 打印病

（7）根据鱼病寄主判断 例如肠炎病、出血病多发生在青草鱼上，鲢中华鳋病只有鲢鳙鱼感染，而青草鱼则不感染本病。

2. 从鱼类的异常上诊断

鱼类生病初期，会表现出一系列的反应，因此，平日应多注意观察鱼池的状况或鱼的行动、体色及其他部位的异常症状，就可以判断是何种疾病，并及时进行治疗。大部分疾病在其早期都会表现出一些异常状态，主要有以下几种。

（1）行为的异常表现

1）浮于水面或游动缓慢。当我们走近池边发现鱼类浮在水面或贴在池壁，懒于游动，只有跺脚或拍打地面等发出震动或响声时，鱼才慢慢进入水中，但一会儿又懒洋洋地浮于水面，这种症状是鱼患有气泡病、车轮虫病、斜管虫病、三代虫病等疾病的表现。

2）离群独游。健康的鱼一般是成群集体游动的，行动灵活，反应敏捷，受惊会立即潜入水中，一旦发现鱼有食欲减退、离群独游（图 1-19）、背鳍不挺、尾鳍无力下垂、行动呆滞、反应迟钝的现象，以及饲料吞进口里又吐出，有时会在水面发狂打转或在水面做断续的跳跃，严重者长时间绝食等行为时，就说明鱼很可能患有锚头鳋病、鳃病等疾病。

3）行为失常。鱼在池中游动不安、上蹿下跳（图 1-20），发狂打转不止，腹部朝上久浮水面不下沉或沉入池底上不来，有时鱼体失去平衡，这些情况都说明鱼可能患有中毒症和水霉病等疾病。

图 1-19 鱼离群独游

图 1-20 鱼上蹿下跳

4）摩擦加快。如果我们在日常观察中发现鱼体不断地用身体摩擦水草、池壁、饲料台时，可能鱼体表有寄生虫，如中华鳋、锚头鳋、日本新鳋、鲺等。

5）摄食异常。正常的鱼摄食时，抢食能力强，而且食量比较稳定。如果鱼的食量突然减少，甚至绝食，应迅速检查原因。

（2）体色的异常表现 鱼患病时，大部分疾病都会在鱼体表面显现出症状，每天注意观察就不难发现。例如，青鱼和草鱼患肠炎病时，体色变黑，尤其以头部最为显著。鲢鳙鱼患病时，体色苍白，失去光泽。锦鲤患病时，体色暗淡，体表的皮肤有红肿发炎症状（图 1-21），缺少光泽。

图 1-21 锦鲤患病，体表的皮肤有红肿发炎症状

（3）其他异常表现

1）根据病鱼组织症状异常来诊断。鱼的病灶是诊断鱼病的主要依据。鱼皮肤充血，体表黏液增多，鱼鳞部分竖起或脱落，鱼鳞间或局部红肿发炎，有溢血点或溃疡点，鳍条充血，周身鳞片竖立，尾鳍末端有腐烂现象，这是竖鳞病、鳍腐烂病的症状。在发生竖鳞病时，往往和水霉病伴生在一起（图 1-22），表现为鳞片竖起，同时有浅黄色或淡绿色的点状霉斑。当鱼患锚头鳋时，患病部位可发现充血的红斑小点，严重时可看到“蓑衣”状的虫体群。当鱼患赤皮病时，则会出现体表充血发炎，鳞片脱落，尤在腹部两侧更为明显，鳍的基部充血，鳍条末端腐烂。

图 1-22 竖鳞病和水霉病伴生在一起

2）根据鱼的体形变化异常来诊断。健康的鱼头小，背宽，肌肉厚，肥满度好，病鱼则头大，尾小，背窄，肌肉薄，看上去干瘪。若池水中重金属的含量长期过高，则会导致鱼体弯曲变形。

3）根据鱼的鳃部异常来诊断。鳃部有充血、苍白、灰绿色或灰白色等异常现象，甚至出现米粒状的颗粒，鳃有糜烂、缺损现象，这是烂鳃病的症状（图 1-23）。

4）根据鱼的腹部异常来诊断。鱼的腹部肿胀，排白色黏液状、长而细的粪便，头部及鱼体发黑，腹部出现红斑，肛门红肿（图 1-24），轻轻挤压腹部，肛门处有血黄色黏液流出，这是水肿病的症状。

图 1-23　鳃部苍白、糜烂是烂鳃病的症状

图 1-24　肛门红肿

5）根据鱼的反应异常来诊断。把健康的鱼放在手上，其眼球会在水平方向来回转动，而病鱼反应较迟钝或无反应。

6）根据鱼的头部异常来诊断。鱼额头和口周围变成白色时有充血现象，也是生病的症状，如白头白嘴病。

四、鱼病的调查

1. 鱼病的现场调查

（1）环境调查和现场调查　在进行环境调查和现场调查时，一定要到池塘现场（图 1-25），着重调查发病水体的环境，如养鱼水体周围的工厂企业排污情况，周围农田施肥施药情况，养殖水体清塘方法、清塘药物、鱼种消毒用药等。对于发病时鱼的不同反应，以及死亡鱼的品种、规格等情况也要弄清（图 1-26）。

（2）水质的调查与分析　养殖水体的水质和底质需要做认真的调查，主要包括水温、酸碱度、溶解氧量、肥度和硬度的调查与分析。鱼病的发生和流行与水温有密切的关系，所以对水温要调查

图 1-25　到池塘现场调查

图 1-26　调查死亡鱼的品种、规格等情况

清楚。pH 偏高或偏低，易引发鱼类不同的疾病，在调查时要注意 pH 的高低。水中溶解氧量低于鱼类正常需氧标准时，易引发鱼类浮头现象。重金属盐超标，易引起鱼类中毒。水质过瘦或饵料不足，易引起鱼类营养不良症。水质过肥，会导致病原微生物的大量繁殖，易造成水质恶化，不适宜养殖高产鱼，从而导致疾病的发生（图 1-27）。

（3）流行情况的调查与分析　了解鱼病发生的全过程，如发病时间、死亡数量以及病鱼的活动情况，主要内容包括：在一个水体中是一种鱼类发病，还是多种鱼类同时发病；病体在行为上有何异常表现，是否已经开始出现死亡，死亡的数量及急剧程度；是否用过药物防治，用什么药进行防治，防治效果如何等。同时要调查水体中是否有作为某种水产动物寄生虫病的中间寄主，周围是否有作为某种鱼类寄生虫的终末寄主等，从而为确诊和制定防治方案提供佐证材料。有时池塘里死亡的鱼、虾、蟹也要进行调查和分析（图 1-28），通过分析这些水产动物的发病及死亡原因，更有助于准确诊断鱼病的发生原因。

（4）饲养管理的调查与分析　了解鱼种放养的种类、来源、放养密度，投饲的种类、数量、质量及投饲方法和施肥情况，以及养鱼生产过程中的操作情况，如运输、拉网、捕捞、浸洗、鱼苗放养等操作过程有无不当等。

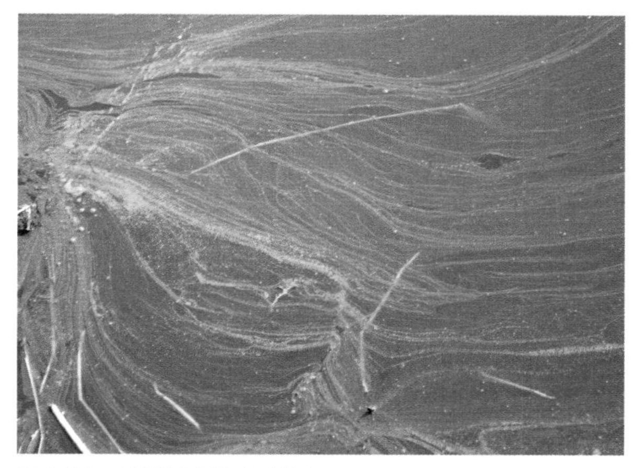

图 1-27　水质恶化导致鱼病发生

图 1-28　对死亡的鱼、虾、蟹进行调查与分析

2. 目检病鱼鱼体

（1）检查工具　为了对病鱼做出正确的诊断，必须掌握正确的诊断方法，而且有些工具也是应该具备的，检查的工具主要有：显微镜、解剖镜、放大镜、圆头镊子、尖头镊子、载玻片、盖玻片、吸管、卷尺、天平、计数器、酒精、福尔马林、记录本等（图 1-29）。在对病鱼进行内部检查时，还需要配备解剖刀、解剖剪、解剖针、解剖盘、解剖皿等解剖工具（图 1-30）。

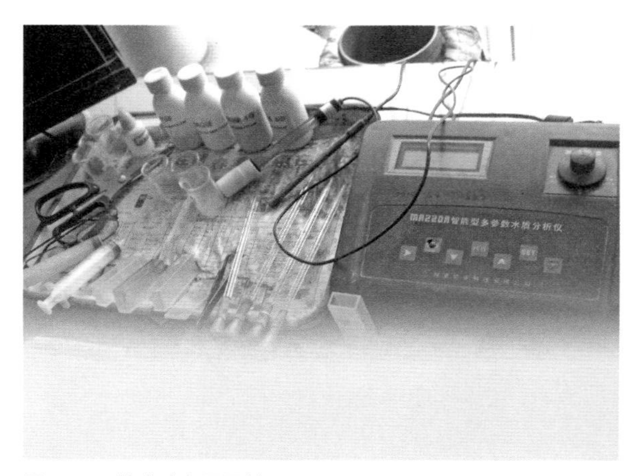

图 1-29　检查病鱼需要的工具

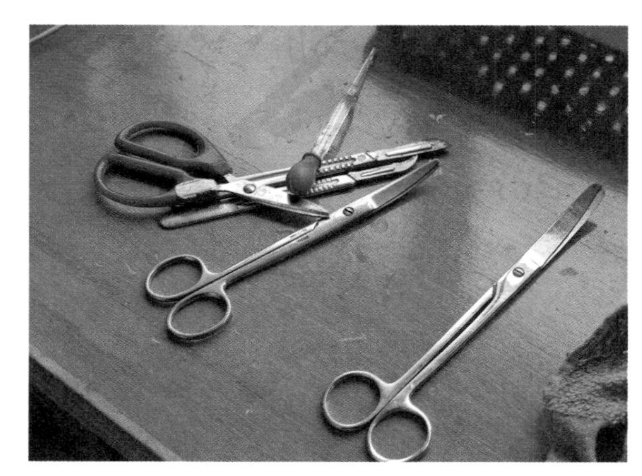

图 1-30　解剖工具

（2）检查程序

1）确定被检查鱼：被检查的鱼必须是从鱼池中捞出的病鱼或刚死的鱼，小鱼 5~10 尾、大鱼 1~2 尾。死亡时间太久的鱼体内各种器官组织已经腐烂变质，原来所表现的症状已经无法辨认，不能用来做检查鱼。如果是死鱼，要求是刚刚死亡且保持新鲜的鱼（图 1-31），鳃瓣鲜红、不腐败不变质，同时要求鱼体体表保持潮湿状态。

图 1-31　检查刚死亡且保持新鲜的鱼

2）标识病鱼：首先给病鱼标本进行编号，目的是准确识别所检查的病鱼；其次是记录病鱼送检时的地点和时间；最后是鉴定标本病鱼的种名。

3）测量病鱼的体貌特征：首先用天平准确称量病鱼体的重量；其次用卷尺或游标卡尺测量病鱼体的体长（图 1-32）、全长、体高等定量数据；最后鉴定病鱼的雌雄性别，并记录年龄。

4）按顺序检查：检查疾病应该由表及里，先体表后内部，对于病变部位应该做重点检查（图 1-33）。检查的顺序是：体表黏液→鳍条→鼻腔→血液→鳃部→口腔→体腔→脂肪组织→消化管（包括胃肠和盲囊）→肝脏→脾脏→胆囊→心脏→鳔→肾脏→膀胱→性腺→眼→脑→脊髓→肌肉。

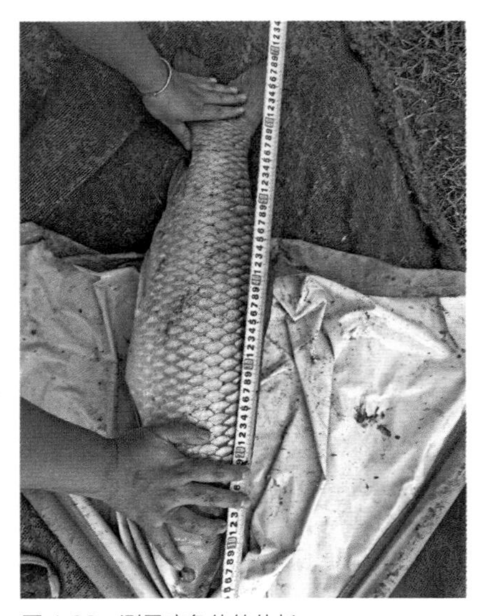
图 1-32　测量病鱼体的体长

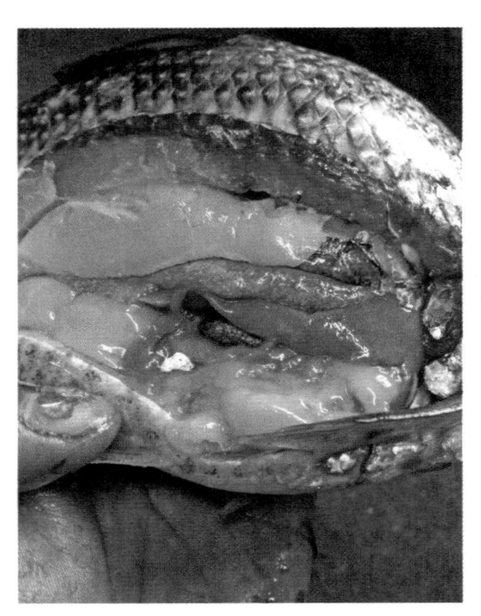
图 1-33　检查疾病需要按顺序检查

（3）目检部位及检查要点

1）对鱼体体型的观察：在对病鱼检测前，先要通过目检对病鱼进行初步诊断（图 1-34）。如果鱼体长期受到疾病的折磨，鱼体消瘦，这种鱼体所患的疾病大多是慢性疾病；而如果鱼体较肥胖，同一水体中饲养的鱼已经出现死亡现象，表明所患疾病可能是急性疾病。如果观察到鱼体的腹部鼓胀，就要对鼓胀原因做出判断，究竟是属于腹水还是由于鱼体怀卵的缘故；如果观察到鱼体畸形，首先根据出现畸形鱼体的种类和数量等因素判断究竟是药物中毒、营养缺乏，还是由于机械损伤的缘故。

2）体表检查：对病鱼按顺序仔细检查体表（图 1-35）。对于一些大型的病原体，如水霉、线虫、鲺、锚头鳋等可以清楚地看见。同时，可以通过口腔是否充血、病鱼的体色、体表黏液的分泌状况、肌肉是否发红、鳍基是否充血、肛门是否红肿、鳞片是否脱落或者竖立、体表是否充

图 1-34　对病鱼的体型通过目检进行初步诊断

图 1-35　病鱼的体表检查

血发炎、尾柄或腹部两侧是否出现腐烂、是否有蛀鳍、病变部位是否发白有浮肿脓包或有旧棉絮状白色物或有白点状包囊，及眼睛是否突出、水晶体是否混浊、肛门是否红肿等，以确定病情。

3）鳃检：检查鳃时，按顺序首先查看鳃盖是否张开，有无充血、发炎、腐烂等症状；其次用手指翻开鳃盖，观察颜色是否正常，黏液是否增多，鳃末端是否肿大和腐烂；最后用剪刀剪除鳃盖，观察鳃丝有无异常（图 1-36）。

4）内脏检查：如果通过对外部的检查不能确诊疾病的种类，可以解剖鱼体观察其内脏的病变状况。解剖鱼体的方法是：用剪刀沿体表的一侧剪开前后肌肉，打开腹腔，取出全部内脏，并且仔细将各个器官分离，然后逐个观察。首先观察内脏有无异常、异物或寄生虫，如鱼怪、线虫、舌状绦虫等，如果发现有病原体，可用镊子或解剖针将其挑起，放到预备好的器皿里，并记录是从哪个器官取下的。然后用剪刀分别将靠咽喉部位的前肠和肛门的后肠剪断，取出整个内脏置于盘中，将肝脏、脾脏、鳔等器官逐个分开，再剪开肠管，去掉肠内食物和残渣（图 1-37），仔细观察。尤其需要注意肝脏、胰腺是否有瘀血、溃疡、肥大或者萎缩；肠道和胃中是否有食物或者充气现象；肾脏的颜色是否正常；腹腔内是否积有腹水或者寄生虫等。

图 1-36　剪除鳃盖，检查鱼的鳃丝有无异常

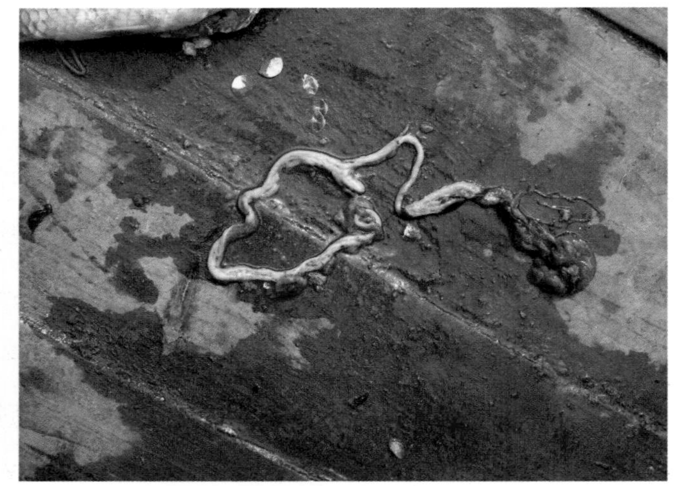

图 1-37　剪开肠管去掉肠内食物和残渣

3. 显微镜检查和实验室检验

（1）显微镜检查　对于身体比较大的寄生虫如吸虫、线虫、绦虫、棘头虫、甲壳动物、鱼蛭以

及钩介幼虫等，一般可用压展法，将器官组织或内含物压成薄片，在双目解剖镜下检察；对于身体细小的原生动物，用镊子取少量组织或者体液、血液等，用载玻片检查。对于每一处检查部位，均需制作 2~3 片标本，刮取拟检部位的黏液或切取一小块病变组织，滴入适量蒸馏水或生理盐水，加盖玻片放置显微镜（图 1-38）下检查（图 1-39），寻找病原体。另外，原生动物容易死亡，因此先用载玻片法检查完原生动物之后，再检查其他病原体动物。在检查各器官时，注意不要将外壁弄破，以防止寄生虫从一个器官跑到另一个器官里。从各个器官取下的寄生虫，用清水冲洗，取出一小部分放在两个载玻片上，将其压成透明的薄膜，放在放大镜或显微镜下观察即可（图 1-39）。

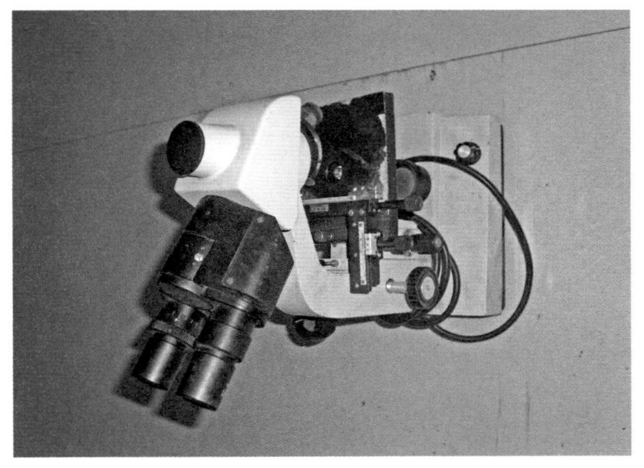

图 1-38　用于鱼病检查的显微镜

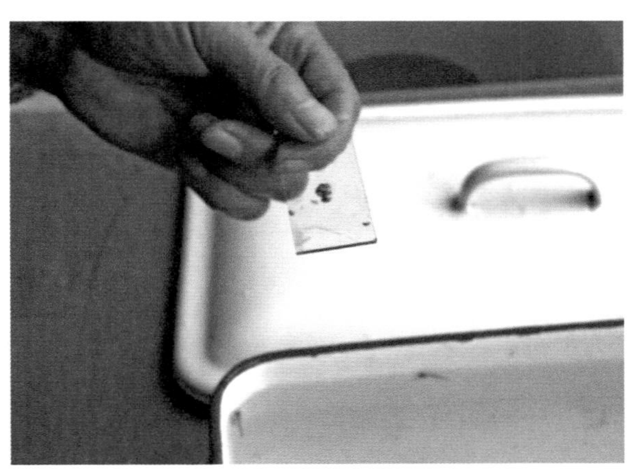

图 1-39　滴上生理盐水制作盖玻片，放入显微镜下观察

（2）实验室检验　根据流行病学、症状观察及病理解剖的结果，若有必要，还需要进行实验室检查。镜检时，检查那些比较大的寄生虫性病原体，用放大倍数低的显微镜或解剖镜即可，有时为了方便观察，可以通过计算机进行操作，这样会更高效（图 1-40）。对于一些复杂的情况或多种疾病交叉感染时，还要借助其他仪器才能对鱼病进行确诊（图 1-41）。一般的细菌病原体在光学显微镜下可以被检查出来，但单凭肉眼观察它们的形态，还不能确定它们的种类，需要进行分离、室内纯培养（图 1-42）以及感染试验等，对细菌形态、培养特征、生理生化反应进行观察测定，以确定其病原体种类。例如，对草鱼出血病进行诊断时，往往需要从发病鱼体内分离出细菌才能确诊（图 1-43）。对那些身体很小的病毒病原体，则需要通过电子显微镜才能检查出来。

图 1-40　通过计算机检查鱼的寄生虫性病原体

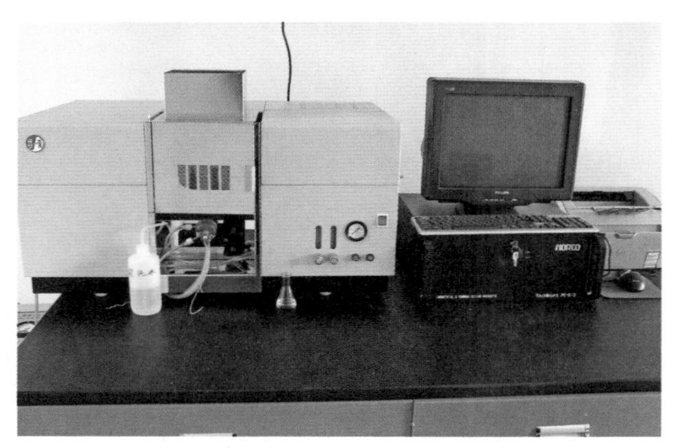
图 1-41　情况复杂时，通过仪器对鱼病进行确诊

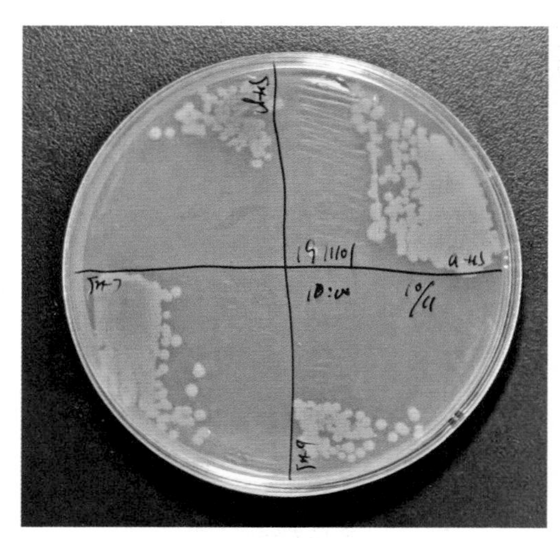
图 1-42　对细菌病原体进行室内纯培养

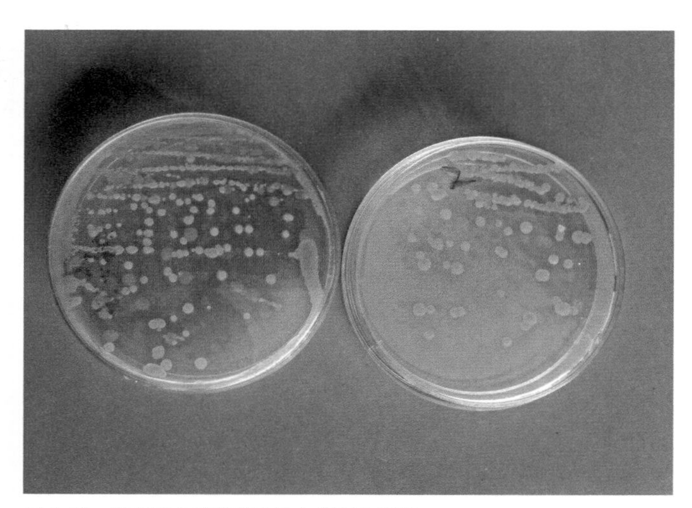
图 1-43　草鱼出血病发病鱼体内分离出细菌

4. 水质分析

对鱼体进行一系列检验后，有时还需要对水质进行一系列的检测，例如，如果怀疑是中毒或营养不良引起的疾病，就需要进行水质分析和饲料检测，可以借助专用的水质分析专用仪器进行检测，既准确又便捷（图 1-44）。在进行水质分析时，通常需要借助多种水质分析试剂才能完成任务（图 1-45）。

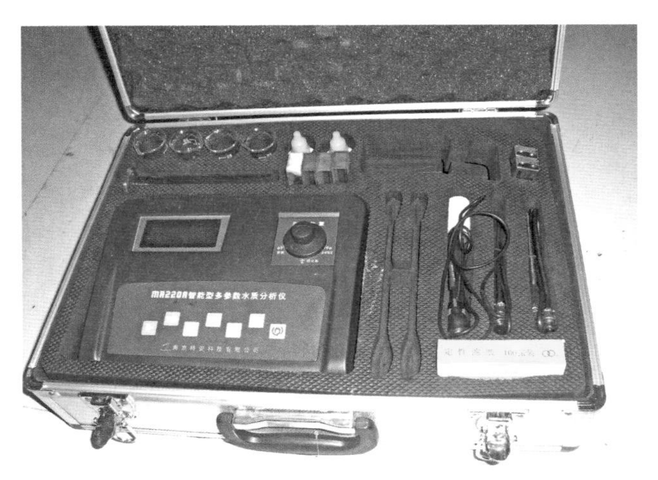

图 1-44　水质分析专用仪器

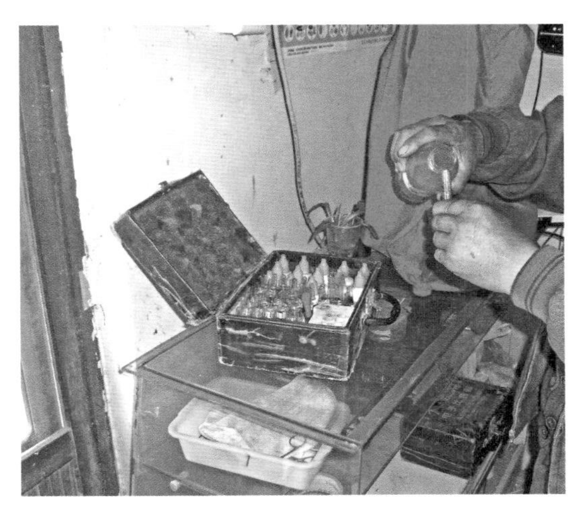

图 1-45　水质分析试剂

第二章

鱼病的科学预防和治疗

02

一、鱼病的预防措施

鱼一旦生病，尤其是一些侵害内脏器官的鱼病发生后，鱼的食欲基本丧失，常规治疗方法几乎失去效果，导致治疗起来比较困难，一般等治愈后都要或多或少地死掉一部分鱼，尤其是幼鱼。因此，对鱼病的治疗应遵循“预防为主，治疗为辅”的原则，按照“无病先防、有病早治、防治兼施、防重于治”的原理，加强管理，防患于未然，才能防止或减少鱼类因死亡而造成的损失。

1. 改善养殖环境

（1）饲养池 有许多鱼对环境刺激的应激性较强，因此一般要求饲养池建立在水、电、路通畅且远离喧嚣的地方，饲养池走向以东西方向为佳，有利于冬、春季节水体的升温。池边过多的野生杂草要清除干净，只有环境好了，才能减少疾病的发生机率（图 2-1），养殖高产高效才能得到保证。在修建鱼池时要注意对鼠、蛇、蛙、鳝及部分水鸟的清除及预防。

（2）底质 饲养池在经过两年以上的使用后，淤泥逐渐堆积。如果淤泥过多（图 2-2），不但影响容水量，而且对水质及病原体的滋生、蔓延产生严重影响，因此，池塘清淤消毒是预防疾病和减少流行病暴发的重要环节。除淤工作一般在冬闲季节进行，先将池水抽干，然后冻晒 10 天左右即可

（图 2-3）。

（3）水质 在养殖水体中有多种生物生存，包括细菌、藻类、螺、蚌、昆虫、蛙、野杂鱼等，它们有的本身就是病原体，有的是传染源，有的是传染媒介和中间宿主，因此必须进行药物消毒。常用的水体消毒药物有生石灰、漂白粉、鱼藤酮等，最常用且最有效果的是生石灰。在池塘水位非常低时，施用生石灰可以起到对水质和底质同时消毒的效果（图 2-4）。在养殖过程中，由于水位较高，为了改良水质，可以采用带水消毒的方式，将生石灰放在小船上，将池水倒入船舱里，连水带渣均匀地泼洒在池塘里（图 2-5）。在生产实践中，由于施加生石灰需要的劳动力比较大，现在许多

图 2-1 好的池塘环境

图 2-2 过多的淤泥

图 2-3 正在冻晒的池底

图 2-4 施用生石灰，对水质和底质同时消毒

图 2-5　为鱼池泼洒石灰水改良水质

养殖场都使用专用的水质改良剂。

2. 改善水源及用水系统

水源及用水系统是鱼病病原传入和扩散的第一途径。优良的水源条件应是水源充足、清洁、不带病原生物以及无人为污染有毒物质，水的物理、化学特性适合于鱼的需求。每个饲养池应有独立的进水和排水系统，以避免水流把病原体带入。养殖场设计时应考虑建立蓄水池，可将养殖用水先引入蓄水池，使其自行净化、曝气、沉淀或进行消毒处理后再灌入饲养池，这样能有效地防止病原随水源带入。

3. 科学引进水产微生物

在水产养殖过程中，通过科学引进一些水产微生物，对于预防鱼病、提高养殖成活率和养殖效益具有重要意义。

（1）水产微生物的功能　研究表明，水产微生物的功能主要有以下几点。

1）去碳、去氮：如芽孢杆菌、假单胞菌、黄杆菌等复合菌有去除水中的碳、氮、磷系化合物的能力，并有转化硫、铁、汞、砷等有害物质的功能。

2）杀灭病毒：如枯草杆菌、绿脓杆菌具有分解病毒外壳的酶的功能，进而杀灭病毒。

3）降解农药、减轻对鱼的污染：如假单胞菌、节杆菌、放线菌、真菌有降解转化化学农药的功能。

4）对水体中的颗粒有絮凝作用：如芽孢杆菌、气杆菌、黄杆菌等有生物絮凝作用，可以将水体中的有机碎屑结合成絮状体，使重金属离子沉淀。

5）反硝化作用：如芽孢杆菌、短杆菌、假单胞菌都是好氧菌和兼性厌氧菌，以分子氧作为最终电子载体，在供氧不充分的时间与空间，可以利用硝酸盐作为最终电子载体，产生 NO_2 和 N_2，起到反硝化的作用，提高 pH。

6）对池塘中的污泥有明显的消解作用：各种硝化细菌在消解碳、氮等有机污染的同时，也使有机污泥得到消解。

（2）水产微生物的种类　在养殖过程中，使用效果比较明显而且深受养殖户欢迎的水产微生物主要有以下几种。

1）光合细菌。泼洒光合细菌等生物制剂对水产养殖大有好处（图 2-6），将其施放在养殖水体中可迅速消除氨氮、硫化氢和有机酸等有害物质，对于改善水体，稳定水质，平衡其水体酸碱度有良好效果。但光合细菌对于进入养殖水体的大分子有机物如残饵、排泄物及浮游生物的残体等无法分解利用。水肥时，施用光合细菌可促进有机污染物的转化，避免有害物质积累，改善水体环境和培育天然饵料，保证水体中溶解氧量充足；水瘦时，应先施肥再使用光合细菌，这样有利于保持光合细菌在水体中的活力和繁殖优势，降低使用成本。

图 2-6　泼洒光合细菌等生物制剂

2）芽孢杆菌。施入养殖水体后，能及时降解水体有机物如排泄物、残饵、浮游生物残体及有机碎屑等，避免有机废物在池中的累积。同时有效减少池塘内的有机物耗氧量，间接增加水体溶解氧量，保持良好的水质，从而起到净化水质的作用。

当养殖水体溶解氧量高时，芽孢杆菌的繁殖速度加快，因此在泼洒该菌时，最好开动增氧机，以使其在水体快速繁殖并迅速形成种群优势，对维持稳定水色，营造良好的底质环境有重要作用。

3）硝化细菌。硝化细菌在水体中是降解氨和亚硝酸盐的主要细菌之一，起到净化水质。硝化细菌的使用很简单，只需用水溶解泼洒即可。

4）EM 菌。EM 菌中的有益微生物经固氮、光合等一系列分解、合成作用，使水中的有机物质形成各种营养元素，供自身及饵料生物的生长繁殖，同时增加水中的溶解氧量，降低氨、硫化氢等有毒物质的含量，提高水质质量。

5）酵母菌。酵母菌能有效分解水体中的糖类，迅速降低水体中生物的耗氧量，在池内繁殖出来的酵母菌又可作为鱼虾的饲料蛋白。

6）放线菌。放线菌对于养殖水体中的氨氮降解及增加溶解氧量和稳定 pH 均有较好效果。放线菌与光合细菌配合使用效果极佳，可以有效地促进有益微生物繁殖，调节水体中微生物的平衡，可以去除水体和水层中的悬浮物质，也可以有效地改善水底污染物的沉降性能、防止污泥结絮，起到改良水质和底质的作用。

7）蛭弧菌。将蛭弧菌泼洒入养殖水体后，可迅速裂解嗜水气单胞菌，减少水体致病微生物数量，能防止或减少鱼、虾、蟹病害的发展和蔓延，同时对于氨氮等有一定去除作用，也可改善水产动物体内、外环境，促进生长，增强免疫力。

4. 严格执行鱼体检疫、切断传染源

对鱼的疫病检测是针对某种疾病病原体的检查，目的是掌握鱼病病原的种类和区系，了解病原体对其感染、侵害的地区性、季节性以及危害程度，以便及时采取相应的控制措施，杜绝病原的传播和流行。

在鱼苗、鱼种进行交往运输时，若鱼体携带病原体，在新的地区遇到新的寄主就会造成新的疾病流行，因此一定要做好鱼体的检验检疫，将部分疾病拒之门外，从根本上切断传染源，这是预防鱼病的根本手段之一。在水产养殖迅速发展的今天，地区间苗种及亲本的交往运输日益频繁，国家间养殖种类的引进和移植也不断增加，如果不经过严格的疫病检测，就可能造成病原体的传播和扩散，引起疾病的流行。

5. 苗种消毒

即使是健康的苗种，也难免带有某些病原体，尤其是从外地运来的苗种。因此，必须先进行消毒，浸洗药浴的浓度和时间可根据不同的养殖种类、个体大小和水温灵活掌握。

（1）食盐　食盐消毒是鱼体消毒最常用的方法，配制含量为 3%~5%，浸洗 10~15 分钟，可以预防鱼的烂鳃病、三代虫病、指环虫病等。

（2）漂白粉和硫酸铜合剂　漂白粉用量为 10 毫克 / 升，硫酸铜用量为 8 毫克 / 升，将两者充分溶解后再混合均匀，将鱼种放在容器里浸洗消毒 15 分钟（图 2-7），可以预防细菌性皮肤病、鳃病及大多数寄生虫病。

（3）漂白粉 15毫克/升的漂白粉浸洗消毒15分钟，可预防细菌性疾病。

（4）硫酸铜 8毫克/升的硫酸铜浸洗消毒20分钟，可预防鱼波豆虫病、车轮虫病。

（5）敌百虫 用10毫克/升的敌百虫浸洗消毒15分钟，可预防部分原生动物病和指环虫病、三代虫病。

（6）聚乙烯吡咯烷酮碘 用50毫克/升的聚乙烯吡咯烷酮碘（PVP-I）浸洗消毒10~15分钟，可预防寄生虫性疾病。

图2-7 对鱼种进行消毒

6. 工具消毒

病鱼使用的网具、塑料和木制工具等常是病原体传播的媒介，特别是在疾病流行季节。因此，在日常生产操作中，各种养殖工具必须在消毒后使用。

7. 食场消毒

食场是鱼类进食之处，由于食场内常有残存饵料，时间长了或高温季节饵料腐败后可成为病原菌繁殖的培养基，为病原菌的大量繁殖提供了有利场所，很容易引起鱼类细菌感染，导致疾病发生。同时，食场是鱼群最密集的地方，也是疾病传播的地方，因此食场要进行定期消毒。常用的消毒方法有药物悬挂法和泼洒法两种。

（1）药物悬挂法 可用于食场消毒的悬挂药物主要有漂白粉、硫酸铜、敌百虫等，悬挂的容器有塑料袋、布袋、竹篓。药物用量以能在5小时左右溶解完为宜，使悬挂周围的药液达到一定浓度即可。

在鱼病高发季节，要定期进行挂袋预防，一般每隔15~20天为1个疗程，可预防细菌性皮肤病和烂鳃病。药袋最好挂在食台周围，每个食台挂3~6个。漂白粉挂袋每袋50克，每天换1次，连续挂3天；硫酸铜、硫酸亚铁挂袋，每袋可用硫酸铜50克、硫酸亚铁20克，每天换1次，连续挂3天。

（2）泼洒法 每隔1~2周在鱼类吃食后用漂白粉消毒食场1次，用量一般为250克，漂白粉溶水后泼洒在食场周围即可。

8. 药物预防

定期进行药物预防，往往能收到事半功倍的效果。通过体内投喂药饵的方法，可对那些无病或病情稍轻的鱼起到良好的防治作用。药饵的类型有颗粒饵料、拌和饵料、草料药饵、肉食性药饵。

9. 合理放养

合理放养包含两方面，一是放养的某一种类密度要合理，二是混养的不同种类的搭配要合理。合理放养是对养殖环境的一种优化管理，具有促进生态平衡和保持养殖水体中正常菌丛，调节微生态平衡，起到预防传染病暴发流行的作用。

10. 科学投喂优质饵料

生产实践和科学试验证明，不良的饵料不仅无法提供鱼类成长和维持健康所必需的营养成分，而且还会导致免疫力和抗病力下降，直接或间接地使鱼类易于感染疾病甚至死亡。

在养殖过程中，建议养殖户投喂优质的颗粒饲料（图 2-8）。优质饵料的投喂通常采用“四定”“四看”投喂技术。

1）定质：鱼的饵料要新鲜适口，不含病原体或有毒物质，投喂饵料前一定要过滤、消毒干净，以免将病原菌和有害物质带入池塘使鱼患病。目前颗粒饲料是首先选择的鱼用饲料。腐败变质的饵料坚决不可喂鱼。

2）定量：所投饵料在 1 小时内吃完为最适宜的投饵量，不宜时饥时饱，否则就会使鱼的消化机能发生紊乱，导致消化系统疾病。

3）定时：投喂要有规定的时间，一般是一天投喂 1~2 次。如果每天投喂 1 次，通常在 16：00 投喂；如果每天投喂 2 次，一次在 9：00 前投喂，另一次在 16：00 左右投喂。

4）定位：食场固定在向阳无荫、靠近岸边的位置，既能养成鱼类定点定时摄食的习性，减少饵料的浪费，又有利于检查鱼的摄食、运动及健康情况。

5）看水色确定投饵量：当水色较浓时，说明水体中浮游微生物较多，可少投饵料；水质较瘦时应多投饵料。

6）看天气情况确定投饵量：如果天气连续阴雨，鱼的食欲会受到影响，宜少投饵料；天气正常时，鱼的食欲和活动能力极大增强，此时可多投饵料。

7）看鱼的摄食情况确定投饵量（图 2-9）：如果所投饵料能很快被鱼吃光，而且鱼群互相抢食，说明投饵量不足，应加大投饵量；如果所投饵料在 1 小时内吃完，说明饵料适宜；如第二次投喂时，仍见部分饵料未吃完，这可能是投喂过多或鱼体患病造成食欲降低，此时可适当减少投饵量。

8）看鱼的活动情况确定投饵量：如果鱼群活动能力不旺，精神萎靡，说明鱼可能患病，宜减少投饵量并及时诊治；如果鱼群活动正常，则可酌情加大投饵量。

图 2-8　优质的颗粒饲料

图 2-9　根据鱼的摄食情况确定投饵量

二、鱼病流行前的药物预防

一般疾病的流行都是有一定规律的，也是有一定季节性的。掌握了这种规律，在疾病流行前做好必要的药物预防工作，可以起到事半功倍的作用。

1. 体外疾病的药物预防

鱼类体外疾病主要包括各种寄生虫在体表上的寄生、体表的创伤等，常用的预防措施主要有全池泼洒、小容器的浸洗、食场消毒、挂袋预防和中草药沤制预防等。为了达到体外疾病的预防效果，在操作过程中必须注意以下几个要点。

1）鱼类对所施用的药物回避浓度应高于治疗浓度。例如，加州鲈鱼对 90% 晶体敌百虫的 50% 回避浓度为 0.04 毫克 / 升，而全池泼洒的治疗浓度为不低于 0.3 毫克 / 升，所以不能采用此方法；鲢鱼对硫酸铜和硫酸亚铁（5∶2）的 50% 回避浓度为 0.3 毫克 / 升，而全池泼洒的治疗浓度为 0.7 毫克 / 升，所以也不能采用此方法。

2）食场周围的药物浓度不宜过高或过低。药物浓度过低，鱼类虽然吃食，但是药效太低，不能起到预防疾病的目的；药物浓度过高，鱼不来吃食，也起不到预防效果。所以第一次在食场周围挂袋预防后，操作人员要蹲在食场周围观察 2~3 小时，看看鱼是不是正常来吃食，如果到达食场的鱼的数量要比平时少得多或根本看不到鱼到食场周围觅食，就说明药物浓度过高，应及时减少用药量；如果到食场周围的鱼的数量和平时没有两样，说明药物浓度可能过少，应及时增加剂量。最好的表现就是鱼到食场周围，有觅食要求，但数量要比平时少 20%~30%，而且有的鱼吃食，有的鱼不吃食在周围游动，这说明药物浓度基本适中。在操作时可以采用少量多点的方法，也就是一次在食场周围挂 8~10 个药袋，每个药袋内装 80~150 克漂白粉或 100 克的 90% 晶体敌百虫，具体的用量应根据食场大小、周围的水深以及鱼的反应做适当调整。

3）食场周围的药物浓度要保持有效时间在 2 小时左右，这样才能保证迟来的鱼也能吃到饵料并接受药物预防。为了提高药物的效果，可以多重复几次。

4）为了提高药物预防的效果，保证鱼类在挂袋用药时仍然前来吃食，在挂药前应适当停食 1~2 天，并在停食前有意识地选择鱼类最爱吃的食物，不过投喂量满足平时的 70% 即可，这样就能保证挂药后鱼类仍然能及时到食场周围觅食。

5）对于没有定点投喂的池塘，一定要先培养鱼定点摄食的习惯后再挂药，这种驯化的过程一般需要 10~15 天。

2. 体内疾病的药物预防

体内疾病的药物预防有一定难度，它只能对有摄食欲望和摄食能力的鱼起作用，一般采用口服法，因此只能将一些药物拌在饲料中制成颗粒药饵来投喂。体内疾病的药物预防也要注意以下几点。

1）药饵饲料必须选择鱼类喜食、营养丰富的饲料作为载体。

2）药饵的大小一定要适口，不同个体的鱼类预防时，选用药饵制成的粒径应与鱼类的口径相适应。

3）药饵最好制成膨化颗粒饲料，确保在水中至少能稳定保持粒型 1 小时左右，鱼类吃食后能在肠胃里很快消化吸收。

4）投喂时要注意投饵量应比平时略少一点，为平时投喂量的 70%~80%。这样的投喂量既能保证大部分鱼类都能吃到药饵，也能保证第二天它们还能准时前来吃食，更重要的是确保所有的药饵能在 1 小时内被全部吃完，从而起到预防的作用。为了巩固药物效果，一般要连喂 3~5 天。

5）在计算鱼类重量时，注意一定要把能吃食或喜食这种药饵的水产动物（含需要药物预防的鱼类、不准备药物预防的其他鱼类以及其他水产动物等）的体重都计算在内，这样计算出来的药饵数量和药物浓度才是准确的，才能起到预防作用。

三、池塘消毒清塘

池塘消毒清塘的方法有多种，常用的有以下几种方法。

1. 生石灰清塘

冬季将池水排干后，先将池塘暴晒、冻干半月后，再将生石灰均匀地撒在塘底，用量为水深 10 厘米的池塘每亩（1 亩 ≈ 666.7 米^2）50~75 千克，最后用铁耙将生石灰与底泥耙平耙匀，使生石灰充分与底泥混合（图 2-10）。若水深为 1 米时，每亩用量为 130~150 千克，将生石灰兑水溶解，趁热全池均匀泼洒。也可将生石灰装在箩筐中悬于船舷边或船尾并沉入水体，划动小船缓缓前进，使生石灰浆液或漂白粉液溶入水中。生石灰清塘后 7 天左右可放鱼。

图 2-10　用生石灰对池塘消毒

生石灰清塘不仅能杀死池塘中野杂鱼及其他水生生物，而且可以澄清池水，使悬浮的有机质胶结沉淀，同时有助于底泥矿化，释放出被淤泥吸收的氮、磷、钾等元素，有利于生物活饵料的培育。

2. 茶饼清塘

茶饼是广东、广西常用的清塘药物。它是山茶科植物油茶、茶梅或广宁茶的果实榨油后所剩余的渣滓，形状与菜饼相似，又叫茶籽饼。茶饼含有皂角苷，是一种溶血性毒素，能溶解动物的红细胞而使其死亡。由于茶饼的蛋白质含量较高，所以又有施肥的作用。

先将茶饼捣碎成小块，在专用容器中加水浸泡 24 小时，选择晴天加水稀释，连渣带汁全池均匀泼洒。每亩水面水深 1 米用量为 40~50 千克，放药后 10 天左右可放鱼。茶饼清塘能杀死野杂鱼、蛙卵、螺、蚌、蚂蟥和水生昆虫，但对细菌没有杀灭作用，所以效果不如生石灰好。

在生产中，许多养殖户发现，如果在浸泡茶饼时加入少量石灰水或氨水，能提高清塘效果。

3. 漂白粉清塘

漂白粉具有药性消失快、用量少的优点，在生石灰缺乏或交通不便的地区，以及对急于清塘的鱼池更为适宜。漂白粉一般含有效氯 30% 左右，有强烈杀菌和杀死敌害生物的作用。其消毒效果常受水中有机物影响，如鱼池水质肥、有机物质多，清塘效果就差一些。

干法清塘每亩用漂白粉 4~5 千克。将漂白粉放入木桶或瓷盆内，加水溶解稀释后，全池均匀泼洒。放药 2 天后即可注入新水和施肥，5 天后即可放养鱼苗，能杀死有害鱼类、蛙类、蝌蚪、螺、水生昆虫、寄生虫和病原体等。

带水清塘时，每立方米水体用量为20克。漂白粉溶化后，立即全池泼洒。放药5天后可放鱼。

4. 生石灰和茶饼混合清塘

每亩水面水深1米用生石灰75千克和茶饼45千克。先将茶饼捣碎浸泡好，然后混入生石灰中，生石灰吸水溶化后，立即全池泼洒。放药1周后，可以放鱼试水。

5. 生石灰和漂白粉混合清塘

带水清塘时，每亩水面水深1米用生石灰65~80千克和漂白粉6.5千克，用法与漂白粉、生石灰清塘相同，两者使用间隔期为7天，最后一次放药后10天左右可以放鱼。

干法清塘时，每亩用生石灰30~35千克、漂白粉2~3千克，两者使用间隔期为7天，最后一次放药后7天左右即可放鱼，效果比单用一种药物更好。

6. 鱼藤精清塘

鱼藤精又名鱼藤酮，是从豆科植物鱼藤及毛鱼藤的根皮中提取的，能溶解于有机溶剂。使用7.5%的鱼藤酮原液，每亩水面水深1米用量为700毫升，加水稀释后装入喷雾器中全池喷洒，能杀灭鱼类和部分水生昆虫，对浮游生物、致病细菌和寄生虫没有什么作用，毒性7天左右消失。

7. 巴豆清塘

巴豆是江浙一带常用的清塘药物，是大戟科植物的果实，所含的巴豆素是一种凝血性毒素，能使鱼类的血液凝固而死亡。

每亩水面水深1米用量为3~5千克。将巴豆捣碎磨细装入罐中，用3%的食盐水密封浸泡2~3天，用水稀释后连渣带汁全池均匀泼洒。巴豆清池只能杀死大部分杂鱼，对致病菌、寄生虫、蛙卵、蝌蚪、水生昆虫没有杀灭作用。毒性消失时间为10天左右。

四、鱼病的治疗原则

1. 鱼病治疗的总体原则

“随时检测、及早发现、科学诊断、正确用药、积极治疗、标本兼治”是鱼病治疗的总体原则。

2. 鱼病治疗的具体原则

（1）先水后鱼 “治病先治鳃，治鳃先治水”，鳃不仅是氧气和二氧化碳进行气体交换的重要场所，也是钙、钾、钠等离子及氨、尿素交换排泄物的场所。因此，只有尽快地治疗鳃病，改善其呼吸代谢机能，才能有利于防病治病。而水环境中的氨、亚硝酸盐及水体过酸或过碱的变化都直接影响鳃组织，并影响呼吸和代谢，因此，必须先控制生态环境，加速水体的代谢。

（2）先外后内 先治理体外环境，包括水体与砂质、体表，然后才是体内即内脏疾病的治疗，也就是“先治表后治本”。先治疗各种体表疾病，这也是相对容易治疗的疾病，然后再通过注射、投喂药饵等方法来治疗内脏器官疾病。

（3）先虫后菌 寄生虫尤其是大型寄生虫对鱼类体表具有巨大的破损能力，而伤口正是细菌入侵感染的途径，并由此产生各种并发症，所以防治病虫害就成为鱼病防治的第一步。

五、鱼病常用的治疗方法

1. 挂袋（篓）法

挂袋（篓）法即局部药浴法，把药物尤其是中草药放在自制布袋，或竹篓或袋泡茶纸滤袋里挂在投饵区中，形成一个药液区，当鱼进入食区或食台时，使鱼体得到消毒和杀灭鱼体外病原体的机会。通常要连续挂 3 天，常用药物为漂白粉和敌百虫。另外池塘四角水体循环不畅，病菌病毒容易滋生繁衍；靠近底质的深层水体，有大量病菌病毒生存；茭草、芦苇密生的地方，很难进行泼洒药物消毒，病原物滋生更易引起鱼病发生；固定食场附近，鱼的排泄物、残剩饲料集中，病原物密度大。对这些地方，必须在泼洒消毒药剂的同时，进行局部挂袋处理，这样比重复多次泼洒药物效果好得多。

此方法只适用于预防及疾病的早期治疗。优点是用药量少，操作简便，没有危险及副作用小。缺点是杀灭病原体不彻底，只能杀死食场附近水体的病原体和常来吃食的鱼体表面的病原体。

2. 浸洗（浴洗）法

浸洗法就是将有病的鱼集中到较小的容器中，放在按特定配制的药液中进行短时间强迫浸洗，以达到杀灭鱼体表和鳃上的病原体的一种方法。它适用于个别鱼或小批量患病的鱼。浸洗法主要是驱除体表寄生虫及治疗细菌性的外部疾病，也可利用鳃或皮肤组织的吸收作用治疗细菌性内部疾病。具体用法如下：根据病鱼数量决定使用的容器大小，一般可用面盆或小缸，放 2/3 的新水，根据鱼体大小和当时的水温，按各种药品剂量和所需药物浓度配好药品溶液，然后把病鱼浸入药品溶液中进行治疗（图 2-11）。

浸洗时间也有讲究，一般短时间浸洗时使用药品浓度高、浸洗时间短，常用药液为食盐水、高锰酸钾、二氧化氯等。具体时间要按鱼体大小、水温、药液浓度和鱼的健康状况而定。

浸洗法的优点是用药量少，准确性高，不影响水体中浮游生物生长。缺点是不能杀灭水体中的病原体，而且拉网捕鱼既麻烦又容易机械损伤鱼体，所以通常配合转池或运输前后预防消毒用。

3. 泼洒法

泼洒法是根据鱼的不同病情和池中总的水量算出各种药品剂量，配制好特定浓度的药液，然后向饲养池内慢慢泼洒，使水体中的药液达到一定的浓度，从而杀灭鱼体及水体中病原体。如果饲养池的面积太大，则可把病鱼用渔网牵往饲养池的一边集中到一起，然后将药液泼洒在鱼群中，从而达到治疗的目的（图 2-12）。

泼洒法的优点是杀灭病原体较彻底，预防、治疗均适宜。缺点是用药量大，易影响水体中浮游生物的生长。

图 2-11　鱼体在小水体内浸洗治疗鱼病

图 2-12　池塘面积过大时可将鱼集中到一起进行泼洒治疗

4. 内服法

内服法是把治疗鱼病的药物或疫苗掺入病鱼喜食的饲料，或者把粉状的饲料挤压成颗粒状、片状后投喂鱼，从而达到杀灭鱼体内的病原体的一种方法。但是这种方法常用于预防鱼病或鱼病初期治疗，同时，这种方法有一个前提，即鱼类自身一定要有食欲，病鱼若食欲不振，此方法就不起作用了。喂时要观察鱼的大小、病情轻重、天气、水温和鱼的食欲等情况灵活掌握，预防治疗效果良好。

5. 注射法

对各类细菌性疾病常采取肌内注射或腹腔内注射水剂或乳剂药物的方法，将药物注射到病鱼腹腔或肌肉中杀灭体内病原体。

注射前鱼体要经过消毒麻醉，此方法适宜在水温低于 15℃的环境下进行，以鱼抓在手中跳动无力为宜。注射方法和剂量：肌内注射时，注射部位宜选择在背鳍基部前方肌肉厚实处注射药物（图 2-13）。腹腔注射时，注射部位宜选择在胸鳍基部无鳞突起处。一般采用腹腔注射，深度不伤内脏为宜。鱼体长 10~15 厘米的鱼选用 0.3 厘米的针头，鱼体长 20 厘米以上的鱼选用 0.5 厘米的针头，针头进针角度以 45° 为宜。鱼体长 10~15 厘米的鱼每尾注射 0.2 毫升，鱼体长 20 厘米或 250 克的鱼每尾注射 0.3 毫升，250 克以上的鱼每尾注射 0.5 毫升。

图 2-13　肌内注射药物治疗疾病

注射法的优点是鱼体吸收药物更为有效、直接、药量准确，且吸收快、见效快、疗效好。缺点是操作麻烦也容易弄伤鱼体，且对小型鱼和幼鱼无法使用。所以此方法一般只适用于亲鱼和名贵鱼类的治疗。人工疫苗通常也采用注射法。

6. 手术法

手术法指将鱼体麻醉后，用手术的方法治疗鱼的外伤或予以整形。对患寄生虫的病鱼，可用手术的方式摘除寄生虫，再将患病处涂上药物进行治疗（图 2-14）。如鱼体病得较为严重，常采取多种治疗方法，如同时采用口服和浸洗，或注射抗生素，然后进行手术。

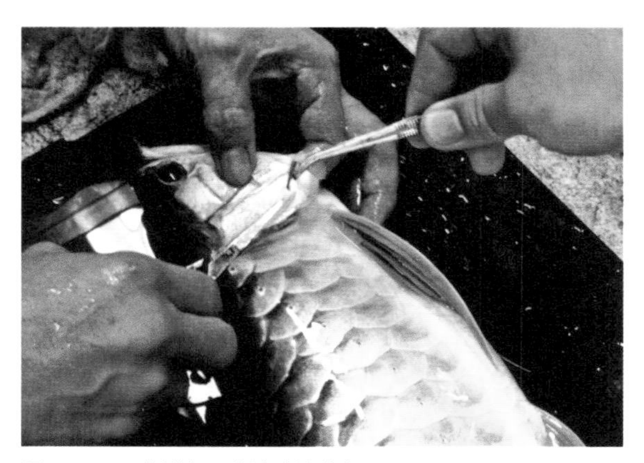

图 2-14　正在进行手术治疗的病鱼

7. 涂抹法

涂抹法以高浓度的药剂直接涂抹鱼体伤口处，以杀灭病原体（图 2-15），主要治疗外伤及鱼体表面的疾病，一般只能对较大体型的鱼进行。在人工繁殖时，如果不小心在采卵时弄伤了亲鱼的生殖孔，就用涂抹法处理（图 2-16）。常用药为碘酒、高锰酸钾等。涂抹前必须先将患处清理干净后再施药。注意涂抹时鱼头要高于鱼尾，不要将药液流入鱼鳃。涂抹法的优点是药量少、方便、安全、副作用小。

图 2-15　对病鱼伤口处进行药物涂抹

图 2-16　对亲鱼的生殖孔涂抹药液

8. 浸沤法

浸沤法只适用于中草药预防鱼病，将草药扎捆浸沤在鱼池的上风头或分成数堆，可杀死饲养池中及鱼体外的病原体。

9. 生物载体法

生物载体法即生物胶囊法。当鱼生病时，一般会出现食欲不振的症状，很少主动摄食，要想让病鱼主动摄食药饵或直接喂药比较困难，这个时候必须把药包在鱼特别喜食的饵料中，特别是鲜活饵料中，可避免药物异味引起厌食。例如，可以把药放在虾的中间制作生物载体供鱼食用达到治病的目的（图 2-17）。生物载体法就是利用饵料生物作为运载工具把一些特定的物质或药物放入其中，再由鱼捕食到体内，经消化吸收而达到促进发育、生长、成熟及治疗疾病的目的，这类载体饵料生物有丰年虫、轮虫、水蚤、面包虫及蝇蛆等天然活饵。

图 2-17　把药放在虾的中间制作生物载体

第三章

鱼病诊治的常用渔药及使用

选好渔药是治疗鱼病的前提条件，选用药物的趋势是向着“三效”“三小”“无三致”和“五方便”方向发展。

“三效”指渔药要有高效、速效、长效的作用；“三小”指渔药使用时有剂量小、毒性小、副作用小的优点；“无三致”指渔药使用时对鱼类无致畸、无致癌、无致突变的效果；“五方便”指渔药使用时要起到生产方便、运输方便、贮藏方便、携带方便、使用方便的效果。

一、渔用药物剂型

目前，我们常用的水产药物剂型有：粉剂型、乳油型、晶体型、颗粒型和液体型。

一般粉剂型药物（图 3-1）通常是消毒剂、内服药物，也有少量的杀虫剂和水质改良剂。通常不同粉剂的药物有不同的颜色，主要是载体不同导致的。乳油型、晶体型药物通常是杀虫剂。液体型药物通常是水剂的消毒剂（图 3-2）以及水质改良剂。颗粒型药物通常是消毒剂，如目前常用的水产用二溴海因颗粒等。

图 3-1　粉剂型药物

图 3-2　水剂消毒剂

二、常见渔药的类别

治疗鱼病的常用药，根据其特点及作用大致上可以分为以下几类。

1. 消毒杀菌药

消毒杀菌药主要用来消除或杀灭环境中的病原微生物及其他有害微生物，用药时对机体内的组织细胞有一定的伤害作用。常用消毒杀菌药有醛类、盐类、碱类、卤素类、染料类、氧化剂、重金属盐等。

2. 杀虫驱虫药

杀虫驱虫药主要用来杀灭或驱赶寄生（附着）在鱼类体表的寄生虫。常用的杀虫驱虫药有盐类、醛类、重金属类、染料类、碱类、农药类、氧化剂等。

3. 内服药

内服药用于消除鱼体内寄生虫或微生物的化学药品，常用的药物主要有磺胺类、抗生素等药物。

4. 注射药

注射药通过注射液体药物来杀灭病毒、细菌等病原体，可用适宜的人药或兽药来替代。

5. 中草药

中草药是中药与草药的总称，利用中药性能持久、释放缓慢、无副作用或副作用小、残留少、疗效稳定的优点来治疗鱼病。中草药的治疗方式有两种，一是将其破碎后添加在饲料中给鱼口服；另一种是将中草药熬成汁液，兑水后全池泼洒。常用的中草药有大黄、大蒜、五倍子、地锦、穿心莲、乌蔹莓（图 3-3）等。

图 3-3　乌蔹莓是常用的中草药

三、外用消毒药

1. 福尔马林

福尔马林是醛类药物，是含甲醛 37%~40% 的液体，对各种微生物、寄生虫具有杀灭作用，常用于消灭鱼类体表和鳃部的病原微生物和寄生原生动物类，并可用于水体消毒。

浸洗：用量为 20~30 毫克 / 升。

2. 漂白粉

漂白粉又称为含氯石灰、氯化石灰，是卤素类的含氯消毒剂，是次氯酸钙、氯化钙和氢氧化钙的混合物，为广谱消毒剂，杀菌效果比生石灰好，对病毒、细菌、真菌均有不同程度的杀灭作用。在空气中易吸收二氧化碳和水分，分解失效；在阳光或炎热的环境中，也易分解。用于消毒的漂白粉，含氯量应达到 32% 以上，药性失效时间为 4~5 天。还可用于治疗细菌性鳃病、打印病、赤皮病等传染性鱼病。

预防：挂篓和泼洒，每月 1~2 次，使水体中的药物浓度达到 1 毫克 / 升。也用于放养前的水体消毒，用量为 20~30 毫克 / 升；养殖过程中的水体消毒，用量为 1~2 毫克 / 升。

治疗：泼洒，使水体中药物浓度达到 5~20 毫克 / 升。

3. 优氯净

优氯净又称为二氯异氰脲酸钠，是一种含氯的广谱杀菌药物，含有效氯 60%~64%，比漂白粉有效期长 4~5 倍，易溶于水，在水中逐步产生次氯酸。由于次氯酸有较强的氧化作用，极易作用于菌体蛋白而使细菌死亡，从而杀灭水体中的各种细菌、病毒。主要用于防治多种细菌性疾病。

预防：挂篓或泼洒对水体进行消毒，用量为 0.2 毫克 / 升，失效时间为 2 天。

治疗：用于水体消毒时，采用泼洒的方法，使水体中药物浓度达到 0.3 毫克 / 升；采用内服的方法时，每 100 千克鱼体重用量为 1.7 克，混饲，1 天 1 次，连服 3 天。

4. 强氯精

强氯精又称为三氯异氰脲酸，含有效氯达 60%~85%，能长期存放，1~2 年不变质，在水中分解为异氰尿酸、次氯酸，并释放出游离氯，能杀灭水中各种病原体。

预防：带水消毒时，使水体中药物浓度达到 5~10 毫克 / 升，可以杀灭水体里的鱼、蚌、水生昆虫等；用于放养前的水体消毒时，用量为 1~2 毫克 / 升；用于养殖期间的水体消毒时，用量为 0.15~0.20 毫克 / 升，失效时间为 2 天。

治疗：用于泼洒时，使水体中药物浓度达到 0.3~0.4 毫克 / 升。

5. 高锰酸钾（图 3-4）

高锰酸钾又称为过锰酸钾、灰锰氧，是一种常用的强氧化剂，同时也是消毒剂、杀虫剂，用于防治细菌性烂鳃病。该药物在阳光下易氧化而失效，不宜在强阳光或直射光下使用，应在室内或阴凉处使用。药物最好现用现配，不宜搁置太久（保质期为 1 个月）。高锰酸钾杀菌作用较强，还可以杀死原生动物，低浓度具有收敛作用，可用于治疗体表溃烂。

图 3-4　高锰酸钾

浸洗：500 毫克 / 升的高锰酸钾，浸洗 1~2 分钟，可治疗黏细菌病。如果使用 20 毫克 / 升的高锰酸钾，当水温为 10~20℃时，浸洗 20~30 分钟；水温为 20~25℃时，浸洗 15~20 分钟；水温为 25~30℃时，浸洗 10~15 分钟，可有效防治三代虫病、指环虫病，对鱼波豆虫病、斜管虫病、车轮虫病、舌杯虫病等疾病也有疗效。

使用 50~80 毫克 / 升的高锰酸钾，水温为 20~30℃时，浸洗 1 小时左右，间隔 1 周后再浸洗 1 次，能有效地治疗锚头鳋病。

治疗：使用 1 毫克 / 升的高锰酸钾，涂抹在虫体上和寄生处，可以有效治疗由甲壳动物引起的鱼病等。

由于高锰酸钾易导致虾蟹类中度中毒，所以一般不用于虾蟹类养殖期间的水体消毒，只用于杀灭纤毛虫、累枝虫、钟形虫等。

6. 食盐

食盐又称为氯化钠，是一种盐类消毒剂，能消毒、驱虫，可防治细菌、真菌以及寄生虫病。

浸洗：1%~3% 的食盐，浸洗 15~20 分钟，可防治细菌、霉菌和车轮虫、斜管虫等疾病。用 3% 的食盐水溶液浸洗，当水温 10~32℃时，浸洗 5~10 分钟，可以防治细菌性烂鳃病、白头白嘴病、白皮病、打印病、车轮虫病、鱼波豆虫病、斜管虫病、三代虫病等。

泼洒：食盐与碳酸氢钠 1∶1 合用，800 毫克 / 升，治疗水霉病、坚鳞病、打印病。

7. 生石灰

生石灰又称为块灰、氧化钙，是一种常用的消毒剂，其作用有中和各种有机酸，改变酸性环境；增加钙离子浓度，调节 pH，改善水体；提高养殖水体的碱度和硬度，增加缓冲能力；杀灭水中的病原体等。生石灰在水中氧化时，能释放出大量热量，从而杀灭野杂鱼、鱼卵、虾蟹类、昆虫、致病细菌、病毒等，并能使水澄清，还能增加水体钙肥，成为熟石灰后，效果较差。生石灰常被用作饲养池清塘消毒药物。

预防：在发病季节内，每月在食场周围泼洒 1 次，使饲养水体中药物浓度达到 5~20 毫克 / 升，可防治打粉病。

治疗：每亩水面水深 1 米用 15~20 千克泼洒，对白头白嘴病、烂鳃病、赤皮病、肠炎病有一定的疗效。

8. 小苏打

小苏打又称为碳酸氢钠、重碳酸钠，是驱虫及抗真菌的辅助剂，不单独使用，通常和食盐合用，用于驱除鱼体外寄生虫。在潮湿空气中会缓慢分解。

浸洗：0.25% 的小苏打，很快就能驱除体外寄生虫；碳酸氢钠与食盐 1∶1 合用，800 毫克 / 升，全池泼洒，治疗水霉病。

9. 硫酸铜（图 3-5）

硫酸铜又称为蓝矾、胆矾、五水硫酸铜，是一种重金属盐类的杀虫、消毒剂，可杀灭鱼体体外寄生动物，也可用于杀灭复口吸虫、血居吸虫的中间宿主（椎实螺、扁卷螺）等，还可用于杀灭鱼病的病原菌。

预防：挂袋法，可预防某些细菌性和寄生虫性疾病。

用 8 毫克 / 升的硫酸铜和 10 毫克 / 升的漂白粉混合液，浸洗 20~30 分钟，可防治烂鳃病、赤皮病、鳃隐鞭虫病、车轮虫病、斜管虫病等。

用硫酸铜水溶液泼洒，使饲养水体中药物浓度达到 0.7 毫克 / 升，可防治鱼波豆虫病，对车轮虫病、斜管虫病、鳃隐鞭虫病、舌杯虫病等也均有效，也会杀灭藻类和青苔，当水温高于 30℃时，水体中药物浓度达到 0.5~0.6 毫克 / 升即可。

用硫酸铜和硫酸亚铁合剂（5∶2）泼洒，使水体中药物浓度达到 0.7 毫克 / 升，能防治鱼波豆虫病，对车轮虫病、斜管虫病、鳃隐鞭虫病、舌杯虫病和鱼鲺也有较好的防治效果。

图 3-5　硫酸铜

10. 亚甲基蓝

亚甲基蓝是染料类的杀菌、杀虫剂，用于防治水霉病、小瓜虫病等。

浸洗：用量为 2~3 毫克 / 升，间隔 3~4 天，以同样药量再进行 1 次，可治疗水霉病。

11. 青霉素

青霉素是抗生素类药物，用于水产动物运输时机体受伤，防止致病菌感染。

浸洗：每立方米水体中用 400 万 ~800 万国际单位。

12. 碘

碘又称为碘片，对细菌、病毒有强大的杀灭作用。在水产养殖水体消毒中，一般使用碘的化合物或复合物，如聚乙烯吡咯烷酮碘（PVP-I）、贝它碘、碘灵等。PVP-I 的消毒浓度为 150 毫克 / 升。

13. 硫酸亚铁

硫酸亚铁又称为铁矾、绿矾、硫酸低铁，在湿空气中，迅速氧化，生成黄棕色的碱式硫酸铁，在渔药中为辅助药物，不单独使用。

用硫酸亚铁和晶体敌百虫合剂（2∶5）泼洒，使水体中的药物浓度达到 0.7 毫克 / 升，能治疗由甲壳动物引起的鱼病等。

14. 敌百虫

敌百虫是一种高效低毒的有机磷药物，有粉剂、晶体及注射用针剂等。防治鱼病，可使用含有效成分 90% 以上的晶体（一级），或含 80% 以上的晶体（二级）等。敌百虫对人、畜的毒性较低，对鱼类杀伤力较大，常用于放养前的清塘，以杀灭塘中敌害鱼类、虾及蟹类。

用敌百虫泼洒，使水体药物浓度达到 0.2~0.4 毫克 / 升，可杀灭三代虫、指环虫和鱼鲺等；水体中药物浓度达到 0.4~2 毫克 / 升，可杀灭水蜈蚣、松藻虫等敌害。

用 0.1 毫克 / 升的敌百虫水溶液涂抹于鱼体上，每天 1 次，连续 2 天，可以驱除鱼鲺。

15. 硼砂

硼砂又称为硼酸钠、四硼酸二钠，杀菌力较弱，有防腐作用，无刺激性。

用硼砂水溶液泼洒，使水体中药物浓度达到 2~5 毫克 / 升，可以调节水的酸碱度，使饲养水质经常保持弱碱性，预防卵甲藻病的发生。

16. 茶子饼

茶子饼俗称茶麸，是油茶榨油后的残渣，对鱼类的杀伤力大，常用于放养前的清塘，以杀灭塘中敌害鱼类及鱼卵，一般用量为 15~20 千克 / 亩。也可用于养殖过程中的中间清塘，用量为 15~20 毫克 / 升，以杀灭混入塘中的敌害鱼类，并且还可以促使虾蟹蜕壳。

四、外用杀虫药

1. 福尔马林

福尔马林作为外用杀虫药采用泼洒方法时，使水体中药物浓度达到 20~30 毫克 / 升，可以杀灭寄生原生动物；用 250 毫克 / 升的福尔马林浸洗 1 小时，可治疗原生动物病、三代虫病；泼洒福尔马林与甲苯咪唑合剂，保留 3~4 天，可有效地治疗斜管虫病和小瓜虫病。

2. 硫酸亚铁

硫酸亚铁作为外用杀虫药时，用于鳃隐鞭虫病、鱼波豆虫病、斜管虫病、车轮虫病等病的防治，也可用于中华鳋病、狭腹鳋病的防治。

浸洗：硫酸亚铁与硫酸铜合剂（2∶5），使水体中药物浓度达到 0.7 毫克 / 升，可以治疗鳃隐鞭虫病、鱼波豆虫病、斜管虫病、车轮虫病、中华鳋病等。

3. 硫酸铜

浸洗：硫酸铜与漂白粉合剂，8~10 毫克 / 升，浸洗 20~30 分钟，可防治烂鳃病、赤皮病和鳃隐鞭虫、鱼波豆虫、车轮虫、斜管虫等原生动物病。

泼洒：硫酸铜与硫酸亚铁合剂，使水体中药物浓度达到 0.7 毫克 / 升，可杀灭水体中的椎实螺、扁卷螺，预防复口吸虫和血居吸虫病的发生。

食场挂袋：可预防或治疗轻度的某些细菌性和寄生虫性鱼病。

图 3-6　高锰酸钾外用杀虫

4. 高锰酸钾（图 3-6）

用 1~2 毫克 / 升的高锰酸钾泼洒，可治疗斜管虫病、车轮虫病等；用 50 毫克 / 升的高锰酸钾浸洗 5 分钟，可杀灭斜管虫、车轮虫等；用 20 毫克 / 升的高锰酸钾浸洗 15~30 分钟，可杀灭三代虫、指环虫；10~20 毫克 / 升的高锰酸钾，可治疗锚头鳋、日本新鳋病。

5. 亚甲基蓝

用 2 毫克 / 升的亚甲基蓝泼洒时，可治疗小瓜虫病、斜管虫病、车轮虫病、三代虫病和指环虫病等。

6. 碳酸钠

碳酸钠与精制敌百虫合用（0.6∶1），采用泼洒方法时，使水体中药物浓度达到 0.1~0.24 毫克 / 升，用于单殖吸虫病的防治。

7. 敌百虫

敌百虫为广谱驱虫、杀虫药，对体外、体内寄生虫均有杀灭作用，用于防治黏孢子虫、单殖吸虫、棘头虫、锚头鳋、日本新鳋、鲺病等。

采用泼洒方法时，使水体中药物浓度达到 0.2~0.5 毫克 / 升，可用于杀灭三代虫、指环虫、锚头鳋、日本新鳋、鲺病及杀灭敌害水蜈蚣、蚌、虾等。

8. 二氧化氯

市面上销售的二氧化氯有固体和液体的。固体二氧化氯为白色粉末，分 A、B 药，即主药和催化剂。使用时分别将 A、B 药加水溶化，混合后稀释，即发生化学反应，放出大量的游离氯和氧气，达到杀菌消毒效果，用量为 0.1~0.2 毫克 / 升。液体的二氧化氯使用效果更好，用量为 100~200 毫克 / 升，失效时间为 1~2 天。

五、内服药

1. 磺胺类药

磺胺类药的抗菌性极广，能抑制多数革兰阳性细菌和部分革兰阴性细菌，还能抑制少数真菌，可治疗多种细菌性鱼病。

2. 磺胺嘧啶

磺胺嘧啶用于治疗赤皮病、肠炎病，按每千克体重用药 0.08~0.2 克，拌饵，连用 2~4 天为 1 个疗程。

3. 磺胺甲基嘧啶

磺胺甲基嘧啶用于治疗疖疮病，按每千克体重用药 0.1~0.2 克，混饲，连用 5 天为 1 个疗程。

4. 磺胺间甲氧嘧啶

磺胺间甲氧嘧啶用于防治细菌性鱼病，按每千克体重用药 0.1~0.2 克，拌饵，连用 5 天为 1 个疗程。

5. 磺胺二甲嘧啶

磺胺二甲嘧啶用于治疗多种细菌性鱼病，按每千克体重用药 0.05 克，拌饵，连用 7 天为 1 个疗程。

6. 盐酸土霉素

广谱抗生素，对革兰阳性和阴性菌均有效，用于防治弧菌病、疖疮病，按每千克体重用药 0.05~0.07 克，混饲，视病情轻重，连用 3~4 天为 1 个疗程。

六、中草药

中草药是完全可以用来防治鱼病的，实践证明，中草药不仅对治疗鱼类的细菌感染有效，对某些病毒感染也有效，且副作用少，为抗生素和磺胺类药所不及，主要用于防治细菌性肠炎、烂鳃病等。

1. 大黄

大黄又称为香大黄、马蹄黄、将军、生军。蓼科植物掌叶大黄、大黄、鸡爪大黄都作为大黄用。

（1）掌叶大黄 多年生草本，茎粗壮，中空绿色，单叶互生，具粗壮长柄，柄上密生刺毛，基生叶片为圆形或卵圆形，长达35厘米，掌状叶基部为心形，茎生叶较小，有短柄；秋季开浅黄色、白色的花（图3-7），大圆锥花序顶生，瘦果卵圆形；根部呈现黄色，新鲜的根部呈浅黄色，具有独特的药用效果（图3-8）；生于高寒山区，土壤湿润的草坡上，分布于甘肃、青海、宁夏回族自治区、四川及西藏自治区等省区。

图3-7 掌叶大黄开浅黄色、白色的花

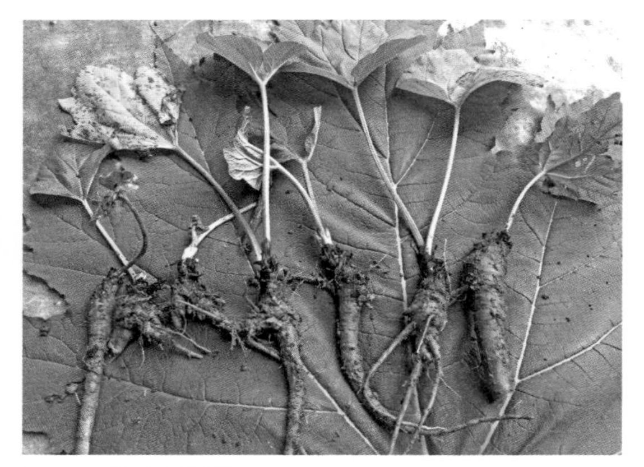

图3-8 掌叶大黄鲜根

（2）大黄 基生叶叶裂较浅，边缘有粗锯齿，花淡黄绿色，翅果边缘不透明；生长在阳光充足、土壤肥沃的大山草坡上；分布于陕西、湖北、四川和云南等省。

（3）鸡爪大黄 基生叶叶裂极深，裂片窄长，花序分枝紧密，向上直立，紧贴于茎；生于山地灌木或林缘阴湿处；分布于甘肃、青海、宁夏回族自治区、四川及西藏自治区等省区。

大黄的根和根状茎（图3-9）抗菌作用强，对由黏细菌引起的白头白嘴病、出血病、烂鳃病及病毒病有一定的防治效果。

浸洗：使用1%的大黄煎煮液，水温为20~35℃时，浸洗5分钟，可防治黏细菌性疾病、白头白嘴病。

泼洒：0.5千克干药煎汁后稀释成10千克母液，

图3-9 大黄根状茎

加 30 克氨水，浸泡一夜，全池泼洒，使水体中药物浓度达到 1~2 毫克 / 升，可防治烂鳃病；水体中药物浓度达到 1.25~3.75 毫克 / 升，可有效地防治黏细菌性鱼病；将大黄和硫酸铜合用，使水体中大黄和硫酸铜的药物浓度分别达到 1.0~1.5 毫克 / 升和 0.4~0.5 毫克 / 升，可防治黏细菌性疾病、白头白嘴病、烂鳃病及病毒病。

口服：用量为每千克体重 5~10 克，研成粉末混饲，1 天 1 次，连用 3 天为 1 个疗程，可防治黏细菌性鱼病。

2. 五倍子（图 3-10）

五倍子又称为文蛤、百虫仓、木附子，按其外形不同，分为肚倍和角倍。肚倍呈长圆形或纺锤形囊状，长 2.5~9 厘米，直径为 1.5~4 厘米，表面呈灰褐色或灰棕色，微有柔毛，质硬而脆，易破碎，断面角质样，有光泽，壁厚 0.2~0.3 厘米，内壁平滑，有黑褐色死蚜虫及灰色粉状排泄物；角倍呈菱形，具不规则的角状分枝，柔毛较明显，壁较薄。五倍子主要产于河北、山东、四川、贵州、广西壮族自治区、安徽、浙江、湖南等省区。

五倍子为落叶小乔木漆树科植物盐肤木、青麸杨或红麸杨叶上五倍子蚜虫的干燥虫瘿，秋季采摘，置沸水中略煮或蒸至表面呈灰色，杀死蚜虫，取出干燥，为主要药用部分（图 3-11）。五倍子含有鞣酸，具有收敛作用，具有较强的杀菌能力，是一种常用的抗菌药，对革兰阳性和阴性菌均有抑制作用，可防治黏细菌、产气单胞菌和假单胞菌引起的鱼病。

图 3-10　五倍子

图 3-11　五倍子药用部分

将五倍子捣碎，用开水浸泡后，连渣带汁全池泼洒，使水体中药物浓度达到 2~4 毫克 / 升，可治疗白头白嘴病、烂鳃病、白皮病、疖疮和赤皮病等。

0.5 千克五倍子加 2 千克水煎 15 分钟，全池泼洒，使水体中药物浓度达到 1.5~2.5 毫克 / 升，连用 6 天，可防治肠炎病、烂鳃病。

3. 大蒜（图 3-12）

大蒜又称为蒜、蒜头、独蒜、胡蒜，为百合科葱属植物蒜，多年生草本植物，具有强烈蒜臭气。鳞茎大型，具 6~10 瓣，外包灰白色或浅棕色于膜质鳞被；叶基生，实心，扁平，线状披针形，宽为 2.5 厘米左右，基部呈鞘状；花茎直立，高约 60 厘米；佛焰苞有长喙，长 7~10 厘米；伞形花序，小而稠密，呈浅绿色；花小形，花间多杂以淡红色珠芽，花柄细，长于花；蒴果，种子黑色；花期在夏季，我国各地均产。

大蒜以鳞茎入药（图 3-13），春、夏采收，扎把，悬挂通风处，阴干备用。大蒜中含挥发油约 0.2%，油中主要成分为大蒜辣素，具有广谱抑菌、杀菌作用，也是一种常用的抗菌药，主要用于防治肠炎病。

用量按每千克体重 10~30 克，先将大蒜捣碎，然后用饵料混合，并加入适量食盐，稍作晾干后即可投喂。1 天 1 次，连用 6 天，可防治肠炎病。

图 3-12　大蒜全株

图 3-13　大蒜入药部分

4. 乌桕（图 3-14）

图 3-14 乌桕

乌桕又称为白乌桕、木子树、木蜡树，落叶乔木，高可达 10~12 米，全株含白色毒性乳汁，树皮呈暗灰色有纵裂纹；叶互生，呈菱形或菱状卵形，长宽几乎相等，为 3~8 厘米，背面呈粉绿色，叶柄顶端有两个腺体；花极小，集成惠状花序；果呈卵形，直径为 1 厘米左右，种子为黑色，外有蜡质；7~8 月开花，10~11 月果熟，生长在坡地、村边、路旁、山谷树林等近水和阳光充足的地方，我国大部分地区都有野生。

药用部分为叶和小枝。每 0.5 千克乌桕叶粉加入 10 千克水，并加生石灰 1.5 千克，煮沸 10 分钟后全池泼洒，使水体中药物浓度达到 3.75 毫克 / 升，可防治黏细菌烂鳃病、白头白嘴病。按每 50 千克鱼用药乌桕 1.5 千克，煮汁后拌入饲料，连喂 3 天为 1 个疗程，可防治肠炎病、烂鳃病。

5. 大叶桉

大叶桉又称为桉树、蚊仔树，长绿乔木，高 5~15 米；树皮粗糙，小枝呈浅红色；单叶互生，呈卵状披针形，革质，全缘，两面无毛，鲜嫩枝叶揉之有香气（图 3-15）；春季开白花，生长于阳光充足的平原、山坡和路旁；主要生长于我国南部和西南部。

药用部分为叶片和嫩枝（图 3-16）。干叶加水煎煮成 1 毫克 / 升的溶液，浸洗鱼体 10 分钟，可以预防黏细菌性烂鳃病、白头白嘴病。

图 3-15 大叶桉鲜嫩枝叶

图 3-16 大叶桉叶片和嫩枝

6. 金樱子（图 3-17）

金樱子又称为糖罐子、倒挂金钩、刺头，外形和野蔷薇花相似，常绿攀缘状灌木，茎具倒挂状皮刺和刺毛；单数羽状复叶互生，春末夏初开白色大花，单生于侧枝顶端；花梗粗壮，花冠为白色，有芳香气味，果呈黄红色，味甜，多为长倒卵形，外皮刺毛；生长在石崖石隙和向阳坡灌木丛处，主要分布于华东、中南、西南以及陕西南部等地。

药用部分为根部，干根加水煎煮成 1 毫克 / 升的溶液，浸洗鱼体 15 分钟，可以预防黏细菌性烂鳃病、白头白嘴病。

7. 马齿苋（图 3-18）

马齿苋又称为马齿菜、蚂蚱菜、五行菜等，长可达 30~80 厘米；茎下部匍匐，四散分枝，上部略能直立或斜上，肥厚多汁，呈绿色或浅紫色，全体光滑无毛；单叶互生或近对生，叶片肉质肥厚，呈长方形或匙形，或倒卵形，先端圆，稍凹下或平截，基部宽楔形，形似马齿，因此称为马齿苋；夏日开黄色小花，常用干燥地上部分；生长于路旁、村边、田野、山坡，主要产于湖北、江苏、广西壮族自治区、贵州等省区。

图 3-17　金樱子

图 3-18　马齿苋

夏、秋季采收，除去残根及杂质，洗净，略蒸或烫后晒干，用于防治鱼细菌性病。

8. 苦荬菜（图 3-19）

苦荬菜又称为苦麻菜、莪菜，菊科莴苣属，一年生或越年生草本植物，优良的青绿饲料作物，具匍匐茎，地上茎直立，高 30~80 厘米；叶互生，呈长圆状披针形，茎生叶无柄，基部成耳郭状抱茎，头状花序顶生，呈伞房或圆锥状排列；花为黄色，全为舌状；瘦果呈长椭圆形，冠毛白色；花期为秋末至第二年初夏；在我国南北各省区均有分布。

全草药用，用于防治鱼的细菌性疾病。

9. 野菊花（图 3-20）

多年生草本植物，高达 1 米，茎基部常匍匐，上部多分枝；叶互生，呈卵状三角形或卵状椭圆形，长 3~9 厘米，羽状分裂，两面有毛，下面较密；花小，呈黄色，边缘呈舌状，花期在 9~11 月，果期在 10~11 月；生长于路旁、山坡、原野，我国大部分地区有分布；秋、冬季花初开放时采摘，晒干或蒸后晒干，用于防治鱼细菌性疾病、白头白嘴病、赤皮病等。

图 3-19　苦荬菜

图 3-20　野菊花

10. 土茯苓（图 3-21）

常绿攀缘状灌木，茎无刺；叶互生，薄革质，呈长圆形至椭圆状披针形，长 5~12 厘米，下面通常为绿色，有时略有白粉；有卷须；花单性异株；浆果呈球形，红色，外被白粉；花期在 7~8 月，果期在 9~10 月；常生长于山坡或林下，主要产于广东、湖南、湖北、浙江、四川等省。

药用根茎，秋季采挖，晒干或切片后晒干，用于防治鱼细菌性白头白嘴病。

图 3-21　土茯苓

11. 地锦草（图 3-22）

一年生匍匐草本，茎纤细，多分枝，呈紫红色，无毛；叶对生，呈长圆形，长为 4~10 毫米，呈绿色或淡红色；蒴果呈球形，光滑无毛；种子呈卵形，紫褐色，外被白色蜡粉；花期在 6~10 月，果实在 7 月渐次成熟；生长于平原荒地、路边、田间，我国各地均有分布。

采集全草，按每 50 千克鱼用地锦草 2 千克或地锦草干草（图 3-23）0.25 千克，煮汁后拌入饲料，连喂 3 天为 1 个疗程，用于防治鱼细菌性疾病、肠炎病和烂鳃病等。

图 3-22　地锦草

图 3-23　地锦草干草

12. 铁苋菜（图 3-24）

图 3-24　铁苋菜

一年生草本植物，高 30~60 厘米，被柔毛；茎直立，多分枝；叶互生，呈椭圆状披针形，长为 2.5~8 厘米，两面有疏毛或无毛；蒴果呈淡褐色，有毛；种子呈黑色；花期在 5~7 月，果期在 7~11 月；生长于山坡、沟边、路旁、田野，我国各地均有分布，长江流域较多。

夏、秋季采割全草药用，除去杂质，晒干，用于防治鱼细菌性疾病、肠炎病、烂鳃病、赤皮病等。

13. 水辣蓼（图 3-25）

水辣蓼为直立或披散草本，高 30~100 厘米；茎无毛，多分枝，常呈褐红色，有腺点，节部膨大；单叶互生，狭披针形，长 4~7 厘米；花秋冬开放，呈绿白色或淡红色，常生长于田野、路旁和沟溪边，我国大部分省区均有分布。

药用全草，四季可采，根和叶随时可采，晒干，按每 50 千克鱼用水辣蓼鲜草 1.5 千克或水辣蓼干草（图 3-26）0.2 千克，煮汁后拌入饲料，连喂 3 天为 1 个疗程，用于防治鱼细菌性烂鳃病、肠炎病和病毒性疾病。

图 3-25　水辣蓼

图 3-26　水辣蓼干草

14. 土荆芥（图 3-27）

一年生草本植物，株高 50~100 厘米；叶互生，呈披针形，长 3~8 厘米；种子呈红褐色，有光泽，生长于荒野、山坡。

图 3-27　土荆介

全株具有芳香气味，果实含挥发性油（土荆芥油），可用作驱虫剂，防治鱼细菌性疾病和寄生虫毛细线虫病等。

15. 老鹳草（图 3-28）

多年生草本植物，高 35~80 厘米；茎伏卧或略倾斜，多分枝；叶对生，叶柄长 1.5~4 厘米，下面呈淡绿色；花小，呈白色或淡红色；蒴果先端长喙状，成熟时裂开；种子呈长圆形，黑褐色；花期在 5~6 月，果期在 6~7 月；生长于山坡、草地及路旁，分布于东北、华北、华东、华中、陕西、甘肃、四川、贵州、云南等地。

夏、秋季果熟时割取全草，有较强的抗菌作用，对病毒也有一定作用，用于防治鱼的细菌性疾病。

图 3-28　老鹳草

16. 白头翁（图 3-29）

宿根草本植物，全株密被白色长柔毛，株高 10~40 厘米，通常高 20~30 厘米；基生叶 4~5 片；花单朵顶生，呈蓝紫色，花期在 3~5 月；瘦果，密集成头状，花柱宿存，呈银丝状，形似白头老翁，因此称为白头翁；在华北、江苏、东北等地均有分布。

春、夏季采挖全草，用于防治细菌性疾病，肠炎病，白皮病等。

17. 使君子（图 3-30）

落叶攀缘状灌木，叶对生，呈长椭圆形至椭圆状披针形，长 5~13 厘米，两面有黄褐色短柔毛；花先为白色后变为红色，有香气；果实呈橄榄状，黑褐色；花期在 5~9 月，果期在 6~10 月；生长于平地、山坡、路旁等向阳灌丛中，主要产于四川、福建、广东、广西壮族自治区等省区。

去壳种子为药，用于防治鱼寄生虫病、九江头槽绦虫病等。

图 3-29　白头翁

图 3-30　使君子

18. 石榴（图 3-31）

石榴是落叶灌木或小乔木，在热带则变为常绿树；树冠呈丛状自然圆头形，树根呈黄褐色。生长强健，根际易生根蘖；树高可达 5~7 米，一般为 3~4 米，但矮生石榴仅高 1 米或更矮；树干呈灰褐色，树冠内分枝多，嫩枝有棱，小枝柔韧，不易折断；旺树多刺，老树少刺；叶对生或簇生，呈长披针形至长圆形，或椭圆状披针形；花有单瓣、重瓣之分，重瓣品种雌雄蕊多瓣化而不孕，花瓣多达数十枚；花多为红色，也有白色和黄色、粉红色等；成熟后拥有大型而多室、多子的浆果，每个室内有多数籽粒；外种皮肉质呈鲜红色、淡红色或白色，多汁，甜而带酸，为可食用的部分；内种皮为角质，也有退化变软的，即软籽石榴。果石榴花期在5~6月，果期在9~10月；花石榴花期在5~10月。

石榴性味甘、酸涩、性温，具有杀虫、收敛等功效。石榴皮可药用，在秋季果熟后采收（图3-32），用于防治鱼寄生虫病。

图3-31 石榴

图3-32 石榴皮

19. 枫杨（图3-33）

落叶大乔木，高达30米，干皮呈灰褐色，幼时光滑，老时纵裂；小枝呈灰色，有明显的皮孔且髓心片隔状；奇数羽状复叶，小叶5~8对，雌雄同株异花；花期在5月，果熟在9月；广泛分布于华北、华南各地，以河溪两岸最为常见。

药用枝叶，用于防治鱼细菌性疾病和寄生虫病、烂鳃病、锚头鳋病、车轮虫病等。

图3-33 枫杨

20. 穿心莲（图3-34）

一年生草本植物，高50~100厘米，全株味极苦；茎直立，多分枝；叶对生，呈卵状矩圆形至矩圆形披针形，长2~11厘米，上面呈深绿色，下面呈灰绿色，花冠呈淡紫白色，蒴果呈长椭圆形；花期在8~9月，果期在10月；生长于湿热的平原、丘陵地区，主要分布于广东、福建等省，现长江南北各地均引种栽培。

全草为药，用于防治鱼细菌性疾病、烂鳃病、肠炎病、赤皮病等。

21. 苦参（图3-35）

苦参为多年生草本或灌木植物，高1.5~3米；主根呈圆柱形，长可达1米，外皮为黄色；单数羽状复叶，长20~25厘米，花冠呈浅黄色；花、果期在6~9月；各地野生，生长于向阳山坡草丛中和山麓、郊野、路边、溪沟边，南北各省均有分布。

根供药用，有清热解毒、抗菌消炎的作用，用于防治鱼的细菌性疾病和寄生虫病，也可用于增进鱼肉鲜味。

图3-34　穿心莲

图3-35　苦参

22. 蓖麻（图3-36）

一年生或多年生草本植物，蓖麻茎秆粗壮，枝叶繁茂，高可达5米以上，茎围15~20厘米；茎、叶呈绿色或紫红色；植株被有白色蜡粉，光滑无毛；叶呈掌形，有的呈鸡爪形。

通常成熟前就采收，药用茎叶，用于防治鱼细菌性疾病、肠炎病、烂鳃病、赤皮病等。

23. 蛇床（图3-37）

多年生草本植物，高达1米；根直生，较粗，直径达1厘米；茎直立，上部分枝，基生叶有长柄，花瓣白色，花期在 7~8 月，果期在 8~9 月；生长于弱碱性且湿润的草甸子、河沟旁、田间路旁，主要产于吉林、内蒙古自治区、黑龙江等省区。

全株为药，用于防治鱼细菌性疾病、真菌性疾病、寄生虫病。

图 3-36 蓖麻

图 3-37 蛇床

24. 苦楝（图 3-38）

落叶乔木，高达 20 米；树冠宽阔而平顶，小枝粗壮；皮孔多而明显，叶互生，2~3 回奇数羽状复叶；花期在 4~5 月，果熟期在 10~11 月；多生长于路旁、坡脚，或栽于屋旁、篱边，在我国分布很广。

药用部分为根、枝叶和果实（图 3-39），用于防治鱼细菌性疾病、寄生虫病、烂鳃病、白头白嘴病。

25. 五加（图 3-40）

灌木，高 2~5 米，有时蔓生状；枝无刺或在叶柄基部有刺；掌状复叶在长枝上互生，在短枝上簇生；花呈黄绿色，果熟期在 10 月；我国华东、华中、华南及西南均有分布。

药用全株，随时可采，尤其是皮、根等用于防治鱼寄生虫病、锚头鳋病等更有效。

26. 山栀

常绿灌木，高达 2 米；叶对生或 3 叶轮生，呈长椭圆形或倒卵状披针形，长 5~14 厘米，花呈白色，具芳香气味，花期在 5~7 月，果期在 8~11 月；南方各地有野生，生长于山坡、路旁，主要分布于江西、湖北、湖南、浙江、福建、四川等省。

果皮（图 3-41）呈黄色时采集药用，用于防治鱼细菌性疾病，并可增进鱼肉鲜味及体色。

图 3-38　苦楝

图 3-39　苦楝果实

图 3-40　五加的皮

图 3-41　山栀果皮

27. 槐花（图 3-42）

槐树为落叶乔木，高达 15~25 米，干皮呈暗灰色，小枝呈绿色，皮孔明显；羽状复叶长 15~25 厘米；花冠为乳白色，荚果肉质，呈串珠状；花果期在 9~12 月。

夏季花初开放时采收花为药，用于防治鱼细菌性疾病。

28. 黄柏（图 3-43）

黄柏呈板片状或浅槽状，长宽不一，厚 3~6 毫米；外表呈黄褐色或黄棕色，有的可见皮孔痕及残存的灰褐色粗皮；内表面呈暗黄色或淡棕色，具有细密的纵棱纹；体轻，质硬，断面纤维性，呈裂片状分层，呈深黄色；气微，味甚苦，嚼之有黏性；主要产于四川、贵州、湖北、云南等省。

剥取黄柏树内皮为药，用于防治鱼细菌性疾病和病毒性疾病。

图 3-42　槐花

图 3-43　黄柏

29. 艾（图 3-44）

多年生草本或略成半灌木状植物，植株有浓烈香气；主根明显，略粗长，直径达 1.5 厘米，侧根多；常有横卧地下根状茎及营养枝；茎单生或少数，高 80~150 厘米，枝长 3~5 厘米；花呈紫色，瘦果呈长卵形或长圆形；花果期在 9~10 月；分布广，除极干旱与高寒地区外，几乎遍及全国，生长于低海拔至中海拔地区的荒地、路旁、河边及山坡等地，也见于森林及草原地区，局部地区为植物群落的优势种。

采收茎、叶、根为药，用于防治鱼的烂鳃病、肠炎病、赤皮病、竖鳞病、跑马病等。

图 3-44　艾

七、渔药选用的原则

1. 有效性

为使病鱼尽快好转和恢复健康，减少生产上和经济上的损失，在用药时应尽量选择高效、速效和长效的药物，用药后的有效率应达到 70% 以上。例如，对鱼的细菌性皮肤病，用抗生素、磺胺类药物、含氯消毒剂等都有疗效，但应首选含氯消毒剂，可同时直接杀灭鱼体表和养殖水体中的细菌，且杀菌快、效果好。

但是有些疾病可少用药或不用药，如鱼缺氧浮头、营养缺乏症和一些环境应激病等，否则会导致鱼死亡得更多、更快。缺氧浮头时要立即开启增氧机进行机械增氧，也可泼洒增氧剂进行人工化学增氧；营养缺乏症可在平时投喂时注意饲料的营养配比及投喂方式；环境应激病在平时就要加强观察，注意日常防护，尽可能减少应激性刺激。

2. 安全性

渔药的安全性主要表现在以下三个方面。

1）渔药在杀灭或抑制病原体的有效浓度范围内，对水产动物本身的毒性损害程度要小，因此有的药物疗效虽然很好，但因毒性太大在选药时不得不放弃，而改用疗效居次、毒性作用较小的药物。例如，杀灭鱼体上的锚头鳋不选有机磷杀虫剂，而选用敌百虫；治疗草鱼细菌性肠炎病，选用抗菌内服药，不选用消毒内服药。

2）渔药对水环境的污染及对水体微生态结构的破坏程度要小，甚至对水域环境不能有污染，尤其是那些能在水生动物体内引起“富集作用”的药物，如含汞的消毒剂和杀虫剂，含丙体六六六的杀虫剂（林丹）坚决不能用。这些药物的富集作用，直接影响到鱼肉的口感，并对人体也会有某种程度的危害。

3）渔药对人体健康的影响程度也要小。在鱼类等水产动物被食用前应有一个停药期，并要尽量控制药物的使用，特别是对确认有致癌作用的药物。

3. 廉价性

选用渔药时，应多做比较，尽量选用成本低的渔药。许多渔药，其有效成分大同小异，或者药效相当，但相互间价格相差很远，对此，要注意选用药物。

4. 方便性

由于给鱼用药极不方便，可根据养殖品种以及水域情况，确定到底是使用泼洒法、涂抹法、口服法、注射法，还是浸洗法给药。应选择疗效好、安全、使用方便的渔药。

八、渔药真假的辨别

辨别渔药的真假可按下面三个方面判断。

1）“五无”型的渔药。即无商标标识、无产地（即无厂名厂址）、无生产日期、无保存日期、无合格许可证，是典型的假渔药。

2）冒充型。这种冒充表现在两个方面，一种情况是商标冒充，主要是一些见利忘义的渔药厂家发现市场畅销或正在宣传的渔用药物时立即销售同样包装、同样品牌的产品或冠以“改良型产品”；另一种情况就是一些生产厂家利用一些药物的可溶性特点将一些粉剂药物改装成水剂药物，然后冠以新药来投放市场。这种冒充型的假药具有一定的欺骗性，普通的养殖户一般难以识别，需要专业人员进行及时指导帮助才行。

3）夸效型。具体表现就是一些渔药生产企业不顾事实，肆意夸大诊疗范围和效果，有时我们可见到部分渔药包装袋上的广告是天花乱坠，包治百病，实际上疗效不明显或根本无效，见到这种能治所有鱼病的渔药可以摒弃不用。

九、正确选购渔药

1. 防止买到假冒伪劣渔药

选购渔药首先要在正规的药店购买，必须根据《兽药产品批准文号管理办法》中的有关规定检查渔药是否规范，还可以通过网络、政府部门咨询生产厂家的基本信息，购买品牌产品，防止假冒伪劣渔药，同时还要注意药品的有效期。

2. 注意药品的规格和剂型

同一种药物往往有不同的规格和剂型，其药效成分往往不相同。如漂白粉的有效氯含量为28%~32%，而漂粉精的有效氯含量为60%~70%，两者相差1倍以上。再如2.5%的粉剂敌百虫和90%晶体敌百虫是两种不同的剂型，两者的有效成分相差36倍。不同规格药物的价格也有很大差别。因此，了解同一类渔药的不同商品规格，便于选购物美价廉的药品，并根据商品规格的不同药效成分换算出正确的施药量。

3. 选购实用的渔药

首先就是一般选用中草药、大蒜素等类药物预防细菌性疾病及寄生虫类疾病，而当疾病发生后，应选用西药或与中草药结合的方法治疗。

其次要注意内服抗菌类药物应交替使用，避免因重复使用产生抗药性（耐药因子）而影响治疗效果。

再次就是购买消毒剂时应注意选择。二氯、三氯类药物对水体中的藻类杀伤力强，用量大或使用两次以上会使水质变瘦。二氧化氯和碘制剂应用面广，禁忌少。同一水体的消毒应注意交替使用不同种类的药物。

十、科学使用渔药

1. 确定渔药的主治对象

确定渔药的最适用病症，以方便按需选购，但是现在许多商品渔药都标榜能治百病，这时可向有使用经验的人请教，不可盲目相信。

2. 准确计算用药量

鱼病防治上内服药的剂量通常按鱼体重计算，外用药则按水的体积计算。

内服药：首先应比较准确地推算出鱼群的总重量，然后折算出给药量的多少，再根据鱼的种类、环境条件、鱼的吃食情况确定鱼的吃饵量，再将药物混入饲料中制成药饵进行投喂。

外用药：先算出水的体积，再按施药的浓度算出用药量，如果施药的浓度为 1 毫克 / 升，则 1 米^3（1 升 =0.001 米^3）水体应该用药 1 克。

如某口鱼塘发生了鲺病，需要用 0.5 毫克 / 升的晶体敌百虫来治疗。该鱼池长 100 米，宽 40 米，平均水深 1.2 米，那么使用药物的量的推算方法为：鱼池水体的体积是 100 米 × 40 米 × 1.2 米= 4800 米^3，然后再按规定的浓度算出用药量为 4800 米^3 × 0.5 毫克 / 升 = 2400 克，那么这口鱼塘就需用 0.5 毫克 / 升的晶体敌百虫 2400 克。

十一、用药的十忌

一忌凭经验用药。“技术是个宝，经验不可少”，这是水产养殖专业户常常挂在嘴边的口头禅。在养殖生产中，由于养鱼场一般都设在农村，缺乏病害的诊断技术和必要设备，所以一些养殖户在疾病发生后，不经必要的诊断或无法进行必要的诊断，根据以前治疗鱼病的经验，或根据书本上看过的（实际上已经忘记了或张冠李戴了）一些用药方法，盲目施用渔药。例如，在基层服务时，我们发现许多老养殖户特别信奉“治病先杀虫”的原则，不管是什么原因引起的疾病，都先使用一次敌百虫、灭虫精等杀虫药，然后再换其他的药物。这样做是非常危险的，因为一是贻误了病害防治的最佳时机，二是耗费了大量的人力和财力，三是乱用药会加快鱼类的死亡。因此，在疾病发生后，千万不要过分相信一些老经验，必须借助一些技术手段和设备，在对疾病进行了必要的诊断和病因分析的基础上，结合病情施用对症药物，这样才能起到有效防治的效果。

二忌随意加大剂量。我们常常发现一个现象，就是一些养殖户在用药时会自己随意加大用药量，有的甚至比兽医开出药方的剂量高出 3 倍左右，部分养殖户加大渔药剂量的随意性很强，往往今天用 1 毫克 / 升的量，明天就敢用 3 毫克 / 升的量，在他们看来，用药量大了，就会起到更好的治疗效果。这种观念是错误的，任何药物只有在合适的剂量范围内，才能有效地防治疾病。如果剂量过大甚至达到鱼类致死浓度时则会发生鱼类中毒事件，所以用药时必须严格掌握剂量，不能随意加大剂量，当然也不要随意减少剂量。为了给患病鱼起到更好的治疗作用，大多数兽医在开出鱼病用药处方时，会结合鱼体情况、水环境情况和渔药的特征，在剂量上适当提高 20% 左右，所以一旦养殖户随意加大用量，极有可能会导致鱼中毒死亡。

三忌用药不看对象。一些养殖户一旦发现鱼生病了，也找准了鱼病，可是在用药时不管是什么鱼，一律用自己习惯的药物，例如，一旦发生了寄生虫病时，不管是什么鱼，统统用敌百虫，认为这是最好的药。这种用药方法是错误的，因为鱼的种类众多，不同的鱼对药物的敏感性也不同，必须区分对象，采取不同的浓度才能有效，且不对鱼产生毒性，例如，虹鳟鱼就对敌百虫、高锰酸钾较为敏感，在用药时，敌百虫不得高于 0.5 克 / 米^3，高锰酸钾不得高于 0.035 克 / 米^3，如果用鲫鱼的常用浓度治疗，肯定会造成大批的虹鳟鱼死亡，所以在用药前一定要看看治疗的对象。另外，即使是同一养殖对象，在它们的不同生长阶段，对某些药物的耐受性也是有差别的，如成鳖可用较高浓度高锰酸钾进行浸洗消毒，而稚鳖则对高锰酸钾的耐受性较低，低浓度的高锰酸钾就可导致机体受损甚至死亡。

四忌不明药性乱配伍。一些养殖户在用药时，不问青红皂白，只要有药，拿上就用，结果导致有时用药效果不好，有时还会毒死鱼，这就是他们对药物的理化性质不了解，胡乱配伍导致的结果。其实，有许多药物存在配伍禁忌不能混用，例如，二氯异氰脲酸钠和三氯异氰脲酸等药物要现配现用，宜在晴天傍晚施药，避免使用金属容器具，同时要记住它们不与酸、铵盐、硫黄、生石灰等配伍混用，否则就起不到治疗效果。还有就是我们常说的敌百虫，它不能与碱性药物（如生石灰）混用，否则会生成毒性更强的敌敌畏，对鱼类而言是剧毒药物。

五忌药物混合不均匀。这种情况主要出现在粉剂药物的使用上，例如，一些养殖户在向饲料添加口服药物进行疾病防治时，有时为了图省事，简单地搅拌几下了事，结果造成药物分布不均匀，有的饲料中没有药物，起不到治疗效果，有的饲料中药物集中在一起，导致药物局部中毒，因此在使用药物时一定要小心、谨慎，对药物进行充分搅拌，力求药物分布均匀。另外在使用水剂或药浴时，用手在容器里多搅动几次，要尽可能地使药物混合均匀。

六忌用药后不进行观察。有一些养殖户在用药后，就觉得万事大吉了，根本不注意观察鱼类在用药后的反应，也不进行记录、分析。这种观点是非常错误的，养殖户在施用药物后，必须加强观察，尤其是在用药后的 24 小时内，要随时注意鱼的活动情况，包括鱼的死亡情况、游动情况、体质的恢复情况。在观察、分析的基础上，要总结治疗经验，提高病害的防治技术，减少因病死亡而造成的损失。

七忌重复用药。养殖户发生重复用药的原因主要有两种：一种是养殖户自己主观造成的，是故意重复用药，期望鱼病快点治好；另一种情况是客观现状造成的，由于目前渔药市场比较混乱，缺乏正规的管理，同药异名或同名异药的现象十分普遍，一些养殖户因此而重复使用同药不同名的药物，导致药物中毒和耐药性产生的情况时有发生。因此，建议养殖户在选用渔药时，一是请教相关科技人员，二是认真阅读药物的说明书，了解药物的性能、治疗对象、治疗效果，然后要对药物的商品名和学名了解一下，看看是不是自己曾经熟悉的药名。

八忌用药方法不对。有一些养殖户拿到药后，也不管用药方法对不对，见水就撒药，结果造成了一系列严重的后果。这是因为有一些药物必须用适当的施药方法才能使它们发挥有效作用，如果用药方法不当，或影响治疗效果，或造成中毒。例如，固体二氧化氯，在包装运输时，都是用 A、B 袋分开包装的，在使用时要将 A、B 袋分别溶解后，再混合后才能使用。如果直接将 A、B 袋打开立即拌和使用，有时在高温下会发生剧烈化学反应，甚至会导致爆炸事故，危及养殖户的生命安全，这就是用药方法不对的结果。还有一种情况往往是养殖户忽视的，就是在泼洒药物治疗疾病时，不分时间，想洒就洒。正确方法是应先喂食后洒药，如果是先洒药再喂食或者边洒药边喂食，鱼有时会把药物尤其是没有充分溶解的颗粒型药物当作食物来吃掉，导致鱼类中毒事件的发生。

九忌用药时间过长。部分养殖户在用药时，有时为了加强渔药效果，人为地延长用药时间，这种情况尤其是在浸洗鱼体时更明显。许多药物都有蓄积作用，如果一味地长期浸洗或长期投喂渔药，不仅影响治疗效果，有的还可能影响机体的康复，导致慢性中毒。所以用药时间要适度。

十忌用药疗程不够。一般泼洒用药连续 3 天为 1 个疗程，内服用药 3~7 天为 1 个疗程。在防治疾病时，必须用药 1~2 个疗程，至少用 1 个疗程，保证治疗彻底，否则疾病易复发。有一些养殖户为了省钱，往往看到鱼的病情有一点好转时，就不再用药了，这种用药方法是不值得提倡的。

第四章

病毒性疾病的诊断与防治

一、鲤春病毒病

鲤春病毒病又称为出血性败血症。

由鲤春弹状病毒和梭子鱼苗弹状病毒感染所致。

病鱼漫无目的地漂游，身体发黑，消瘦，反应迟钝，眼球突出（图 4-1），鱼体失去平衡，经常头朝下作滚动状游动，鱼鳔出血（图 4-2），腹部肿大、有腹水（图 4-3），肛门红肿，皮肤和鳃渗血。

1）病毒感染后的潜伏期是 15~60 天。

2）在春季比较流行。

3）在水温 15℃以下感染后的鱼出现病症，水温 20℃以上则病症消失，当水温低于 13℃时，由于病毒的活力降低，其感染力也随之下降。

图 4-1　鲤鱼眼球突出

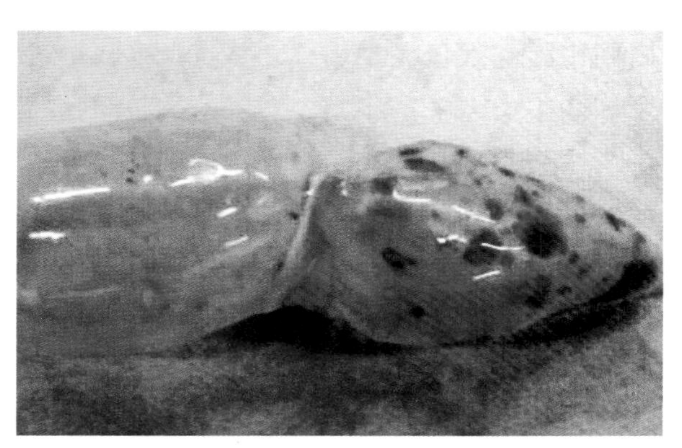

图 4-2　鱼鳔出血

图 4-3　腹部肿大，有腹水

4）潜伏期的长短随水温高低而有所不同，水温为 19~22℃时潜伏期约为 1 个月；当水温较低时，潜伏期则需要 1.5 个月，甚至 2~3 个月。

1）主要危害鲤科鱼类及冷水性鱼类。

2）主要危害 9~12 月龄和 21~24 月龄的鱼种。

3）感染后死亡率在 30%~40%，有时高达 70%；严重时病鱼的死亡率可高达 100%。

1）积极抓好常规的预防措施，严格执行检疫制度，避免病原的侵入。

2）要为越冬鱼清除体表的寄生虫，主要是水蛭和鱼鲺。

3）春季用消毒剂遍洒消毒养殖场所。

4）对大型的亲鱼和名贵鱼类可采用腹腔注射疫苗的方法来预防。

5）对可能带病毒的鱼卵用100毫克/升的碘附（PVP-I）液浸洗消毒30分钟，通过杀灭鱼卵上的病毒能有效地预防本病传播。

治疗方法

1）注射鲤春病毒抗体，可抵抗鱼类再次感染。

2）用亚甲基蓝拌饲投喂，用量为1龄鱼每尾鱼每天20~30毫克，2龄鱼每尾每天35~40毫克，连喂10天，间隔5~8天后再投喂10天，共喂3~4次为1个疗程。对亲鱼可以按3毫克/千克体重的用药量，料中拌入亚甲基蓝，连喂3天，休药2天后再喂3天，共投喂3次为1个疗程。

3）用含碘量100毫克/升的碘附浸洗20分钟。

二、痘疮病

痘疮病也称为鲤痘疮病。

由鲤痘疮感染引起。

发病初期，体表、头部或尾鳍上出现乳白色的小斑点，覆盖一层薄的白色黏液；随着病情的发展，病灶部分的表皮增厚而形成大块石蜡状的增生物（图4-4）；这些增生物长到一定大小之后会自动脱落，而在原处再重新长出新的增生物，严重的全身都呈现出蜡状物（图4-5）。病鱼消瘦，游动迟缓，食欲较差，沉在水底，陆续死亡。

图4-4　头部形成大块石蜡状的增生物

图 4-5　全身呈现出蜡状物

1）在我国鱼类养殖区均流行。

2）主要危害鱼种、成鱼，秋末和冬季是主要流行时期。

3）当饲养水体中的有机质较多时，易发生本病。

1）危害饲养的 1 龄鱼。

2）感染本病的鱼大多在越冬后期出现死亡。

1）强化秋季培育工作，使鱼在越冬前增加肥满度，增强抗低温和抗病能力。

2）经常投喂营养全面的配合饵料，加强营养，增强抵抗力。

1）用 20 毫克 / 升的三氯异氰脲酸浸洗鱼体 40 分钟。

2）泼洒三氯异氰脲酸，使水体中药物浓度达到 0.4~1.0 毫克 / 升，10 天后再施药 1 次。

3）用 10 毫克 / 升的溴氯海因浸洗后，再泼洒二氯异氰脲酸钠，使水体中药物浓度达到 0.5~1.0 毫克 / 升，10 天后再用同样的浓度泼洒 1 次。

4）用 6.6% 的稳定性粉状二氧化氯制备水溶液全池泼洒，使水体中药物浓度达到 0.4~0.6 毫克 / 升，10 天后再施药 1 次，对本病有较好的疗效。

三、出血病

引起鱼出血病的因素较为复杂，一般有病毒性、细菌性和环境因素的影响。一般认为出血病多由单胞杆菌和寄生虫侵害鱼体或操作不慎，致使鱼体周身或局部受损产生充血、溢血、溃疡等现象。

症状

病鱼眼眶四周、鳃盖、口腔和各种鳍条的基部充血。如果将皮肤剥下，肌肉呈点状充血，严重时体色发黑，眼球突出，全部肌肉呈血红色，某些部位有紫红色斑块，病鱼呆浮或沉底懒游。打开鳃盖可见鳃部呈淡红色或苍白色。轻者食欲减退，重者拒食、体色暗淡、清瘦、分泌物增加，有时并发水霉病、败血症而死亡。发生出血病的鱼类比较多，典型的有草鱼，病鱼鳃部发红，肠道出血（图 4-6），另外乌鳢感染此病时鳃丝明显发白且有肿胀现象（图 4-7），黄颡鱼也易感染此类疾病，发病的症状多表现为鳍条基部充血，肠道发炎（图 4-8）。

图 4-6　草鱼鳃部发红，肠道出血

图 4-7　乌鳢鳃丝发白且有肿胀现象

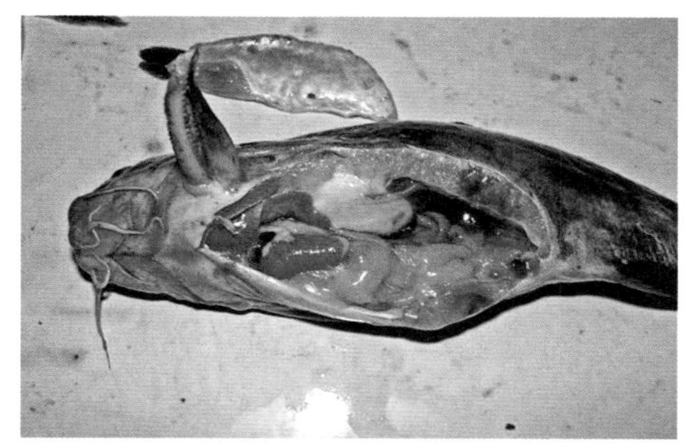

图 4-8　黄颡鱼鳍条基部充血，肠道发炎

水温在 25~30℃时流行，每年 6 月下旬至 8 月下旬为流行季节。

1）主要危害 1 龄鱼。

2）能引起鱼大量死亡。

3）本病呈急性型，发病快，死亡率高。

1）幼鱼在培养过程中，适当稀养，保持池水清洁，对预防本病有一定的效果。

2）彻底清塘。

3）调节水质，4 月中旬开始，每隔 20 天每亩泼洒生石灰 20~25 千克，7~8 月用 1 毫克 / 升的漂白粉全池泼洒，每 15 天进行一次，有一定预防作用。

4）发病季节不拉网或少拉网，发病池与未发病池水源隔离，死鱼病鱼要及时捞出深埋地下，渔具经消毒方可使用。

1）用 10 毫克 / 升的溴氯海因浸洗 50~60 分钟，再用 0.5~1.0 毫克 / 升的三氯异氰脲酸全池泼洒，10 天后再用同样的浓度全池泼洒 1 次。

2）严重的在 10 千克水中，放入 100 万单位的卡拉霉素或 8 万 ~16 万单位的庆大霉素，病鱼水浴静养 2~3 小时，多则半天后换入新水饲养，每天 1 次，一般 2~3 次即可治愈。

3）用敌百虫全池泼洒，使水体中药物浓度达到 0.5~0.8 毫克 / 升；用高锰酸钾全池泼洒，使水体中药物浓度达到 0.8 毫克 / 升；用强氯精全池泼洒，使水体中药物浓度达到 0.3~0.4 毫克 / 升。

4）每万尾鱼用 4 千克水花生、250 克大蒜、250 克食盐与浸泡豆饼一起磨碎投喂，每天 2 次，连续 4 天，施药前一天用 0.7 毫克 / 升的硫酸铜全池泼洒。

5）每 100 千克鱼种每天用黄柏、黄芩、大黄（比例为 8：1：1）混合剂 1 千克、食盐 0.5~1 千克、面粉 3 千克、麦皮 6 千克、采饼或豆饼粉 3~5 千克、清水适量，充分拌匀配制成药饵，连续喂 5~10 天。

6）每 100 千克鱼种用 10~15 千克鲜水花生，粉碎成浆加食盐 0.5 千克，再用面粉调和制成药饵，连喂 6 天。

四、传染性造血器官坏死病

由传染性造血器官坏死病病毒感染引起。

发病鱼游动迟缓，但是对于外界的刺激反应敏锐，饲养池地面的微震和响动都会使病鱼突然出现回旋急游，病情加剧后，体色变暗发黑、眼球突出、病鱼拒食、有腹水、口腔出现瘀点，往往在剧烈游动后不久就死亡。鱼体腹部膨大，腹部和鳍基部充血（图 4-9），眼球外突，鳃丝贫血而苍白，肛门口常拖着长而较粗的白色黏液粪便。病鱼内部器官有充血现象（图 4-10）。

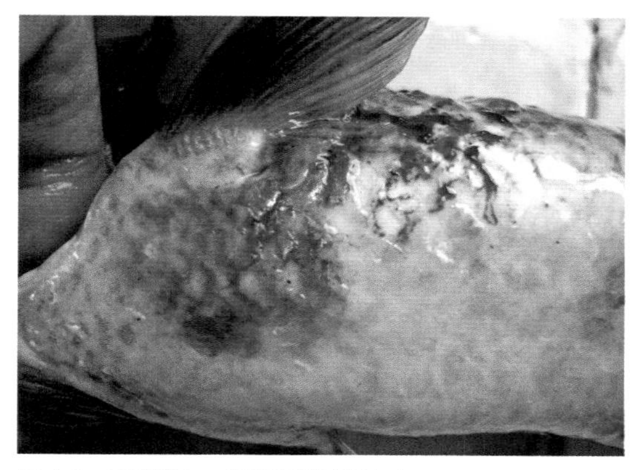

图 4-9　腹部膨大，腹部和鳍基部充血

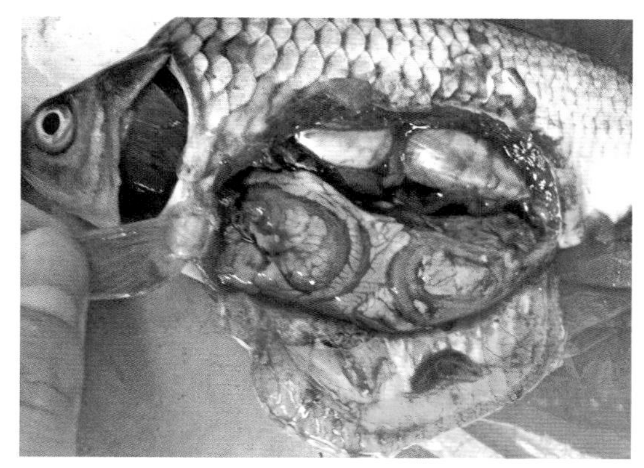

图 4-10　内部器官有充血现象

1）主要危害幼鱼。

2）在水温较低的季节流行。

3）主要由病鱼的排泄物或被污染物传播。

受感染的鱼会大批死亡。

加强日常管理，尤其是做好水质管理，加强饵料中的营养。

1）用 20 毫克 / 升的聚维酮碘浸洗 5~10 分钟。

2）每千克体重用氟苯尼考 60~80 毫克，配合多种维生素，连续投喂 5~7 天。

五、鲤鳔炎病

由弹状病毒感染引起。

病鱼体色发黑、消瘦、贫血、反应迟钝、失去平衡，头朝下滚动，腹部膨大，最严重的症状是鱼鳔发生病变（图 4-11）。鲤科鱼类最易感染病，尤其是镜鲤（图 4-12）及鲤鱼，有时可以直接导致鱼类的大批死亡。

图 4-11　鱼鳔发生病变

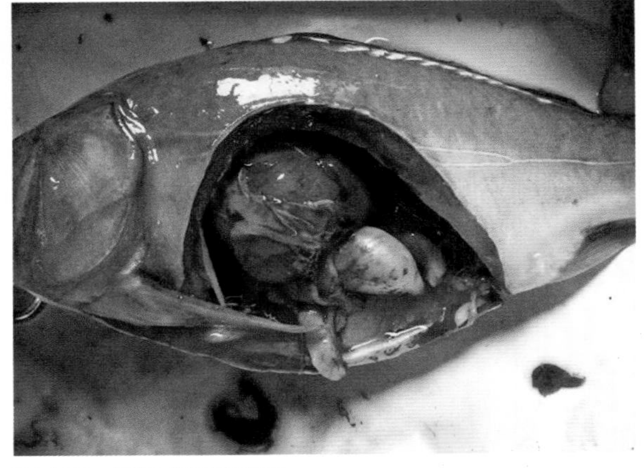

图 4-12　镜鲤感染鲤鳔炎病

1）一年四季均可发病，水温为 15~22℃时易流行，当水温低于 13℃时，病毒的活力降低。

2）直接通过带毒病鱼进行接触性传播。

3）在全世界内均流行，我国也有发病报道。

1）主要危害鲤鱼。

2）2 月龄以上的鲤鱼都能受到危害，但亲鱼受害较轻。

3）病鱼一般在越冬时会死亡，即使在冬季不死亡，到第二年夏初温度达到 20℃左右时，会大批死亡。

4）死亡率最高可达 95% 左右。

1）进行综合预防，严格执行检疫制度。

2）不从疫区引进鱼种和亲鱼。

3）在发病疫区可以通过轮养的方法来消除疾病的破坏力，主要措施是改养对这种疾病不感染的鱼类。

1）用亚甲基蓝拌料投喂病鱼，用量为 1 龄鱼每尾每天 20~30 毫克，2 龄鱼每尾每天 35~40 毫克，连喂 10 天，间隔 5~8 天后再喂药饵 10 天，共投喂 3~5 次。

2）亲鱼每千克饲料拌入亚甲基蓝 3 克，连喂 3 天，休药 2 天后再喂 3 天，连喂 3~5 次。

第五章

细菌性疾病的诊断与防治

一、细菌性败血症

细菌性败血症又称为溶血性腹水病、腹水病、出血性腹水病等。

主要由嗜水气单胞菌、温和气单胞菌等气单胞菌属的细菌引起。

病程早期及急性感染时，病鱼的上下颌、口腔、鳃盖（图 5-1）、眼睛、鳍基及鱼体两侧均出现轻度充血，肠道内尚有少量食物（图 5-2）。当病情严重时，病鱼体表严重充血，眼眶周围也充血，眼球突出，肛门红肿，腹部膨大，腹腔内积有浅黄色或红色腹水（图 5-3），肠腔内有大量黄色的黏液（图 5-4）。

1）几乎各种淡水鱼类均可感染本病。

2）每年从 2 月下旬到 11 月中旬，水温为 15~36℃时易流行。

1）本病是一种能造成重大损失的急性传染病。

2）从 2 月龄的鱼种至亲鱼均可能受到本病的危害，发病率可高达 100%，而且重病鱼

图 5-1　鳃盖两侧充血

图 5-2　肠道有少量食物

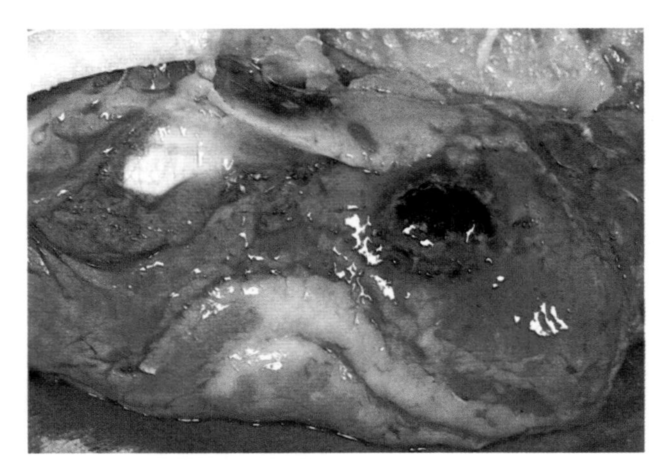
图 5-3　腹腔内有积水现象

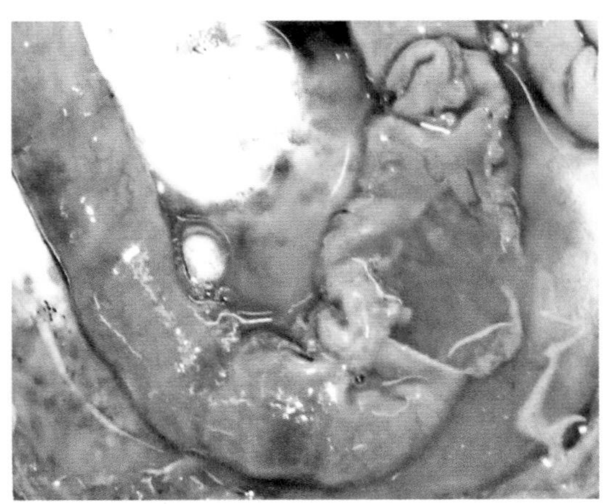
图 5-4　肠腔内有大量黄色的黏液

的死亡率高达 95% 以上。

1）彻底清塘，严禁近亲繁殖，提倡就地培育健壮鱼种。

2）鱼种下池前严格实施鱼种消毒，可以采用 15~20 毫克 / 升的高锰酸钾浸洗 10~30 分钟；也可以采用 1~2 毫克 / 升的稳定性粉状二氧化氯浸洗 10~30 分钟。

3）加强饲养管理，适当降低放养密度，注意改善水质，多投喂优质饲料，不投喂变质、有毒饲料或营养不全面的饲料，提高抗病力。

4）食场周围定期泼洒稳定性粉状二氧化氯、漂粉精、三氯异氰脲酸、优氯净、漂白粉等消毒剂，进行环境消毒。

5）发病鱼池用过的工具要进行消毒，病、死鱼要及时捞出深埋，而不能到处乱扔，发病后的池水未作消毒处理不能乱排水。

1）投喂复方磺胺甲唑药物饲料，按每千克体重 10 克的用药量，拌入饲料内，制成药饵投喂，每天 1 次，连用 3 天为 1 个疗程。

2）泼洒优氯净，使水体中的药物浓度达到 0.6 毫克 / 升，或泼洒稳定性粉状二氧化氯，使水体中的药物浓度达到 0.2~0.3 毫克 / 升。

3）在本病的流行季节，定期用显微镜检查鱼体，若发现寄生虫，应该及时杀灭鱼体外寄生虫。

二、链球菌病

由链球菌感染引起。

病鱼眼球混浊（图 5-5）、充血、突出，鳃盖发红，肠道发红（图 5-6），腹部积水，肝脏肿大充血，体表褪色等。

1）在水温较高的季节流行。

2）不同的鱼交叉传播快。

1）对热带和亚热带的鱼感染率较高。

2）病鱼死亡率较高。

图 5-5　病鱼眼球混浊

图 5-6　肠道发红，内部充血

1）高温季节加大换水量，降低放养密度，避免过量投饵，及时清除残饵改善水质。

2）发病期间加大换水量，及时捞出病鱼、死鱼并掩埋。

3）有发病征兆时，可用治疗内服药拌料投喂 3 天。

1）饲养池用漂白粉泼洒，每立方米水体用药为 1 克；或用三氯异氰脲酸泼洒，每立方米水体用药为 0.4~0.5 克；或用漂粉精泼洒，每立方米水体用药为 0.5~0.6 克；或用优氯净泼洒，每立方米水体用药为 0.5~0.6 克。

2）每 100 千克鱼每天用土霉素 2~8 克，拌料投喂，连喂 5~7 天。

3）每 100 千克鱼每天用磺胺甲基嘧啶 10~20 克，拌料投喂，1 天 1 次，连喂 5~7 天。

三、溃疡病

主要由弧菌感染引起。另外在换水或清塘等操作时，由于操作不慎，致使鱼类体表受外伤，尤其是用粗糙渔网捕捞鱼时产生的擦伤常是溃疡病的起因。

病鱼游动缓慢，独游，眼睛发白，体表溃烂（图 5-7），溃疡损害只限于皮肤、骨骼。溃疡区多为圆形，直径达 1 厘米（图 5-8）。

本病为鱼类常见病，全年均可发生。

图 5-7　体表溃烂

图 5-8　溃疡区为圆形，直径达 1 厘米

可危害各种鱼。

1）鱼入池前用 20~30 毫克 / 升的 PVP-I 浸洗鱼体 5~10 分钟。

2）每千克体重投喂四环素 70~90 毫克，配合多种维生素。

1）用食盐或福尔马林对溃疡区消毒，效果较好。

2）在饵料中掺入 1%~3% 的庆大霉素（或甲砜霉素、磺胺嘧啶），连续用药 5 天。

3）每天每千克体重用氟苯尼考、金霉素、土霉素、四环素等抗生素 30~70 毫克，制成药饵，连续投喂 5~7 天。

4）用金霉素、土霉素、四环素等抗生素配制成 10~20 毫克 / 升的药液每天浸洗 2 小时，连续 5 天为 1 个疗程。

四、肝脏肿大坏死病

1）由链球菌等细菌感染引起。

2）由饲料中毒素引起，主要是投喂腐败变质的饲料。

症状

病鱼游动缓慢，浮于水面或狂游而死。体色发黑，鳃贫血，眼球充血肿大，突出。体表有一处或多处隆起，尤以尾部为多见，隆起部位出血或溃疡（图 5-9），肛门红肿，剖检见肝脏肿大坏死。

图 5-9　鱼尾部隆起部位出血

在夏秋季节容易暴发。

1）各种鱼均可感染。

2）鱼种阶段死亡率最高。

加强饲养管理，保证饲料的新鲜程度，不变质及不受污染。

1）在发病季节，每千克饲料加抗生素 5 克，连续投喂，同时用漂白粉挂袋处理。

2）发病时要对症下药，连续使用一种抗生素时，一般不超过 6 天，以免产生抗药性。

五、疖疮病

主要由疖疮型点状产气单胞杆菌感染引起，是一种严重的皮肤病。

鱼体病灶部位皮肤及肌肉组织发生脓疮，隆起红肿（图 5-10），用手摸有柔软浮肿的感觉。脓疮内部充满脓汁和细菌，脓疮周围的皮肤和肌肉发炎充血（图 5-11），鳍基部充血，鳍条裂开（图 5-12），严重时肠也充血。

无明显的流行季节，一年四季均可发生。

主要危害鲤科鱼类。

1）彻底清塘消毒。

2）用漂白粉挂篓预防。

3）用浓度为 1 毫克 / 升的漂白粉水溶液全池泼洒。

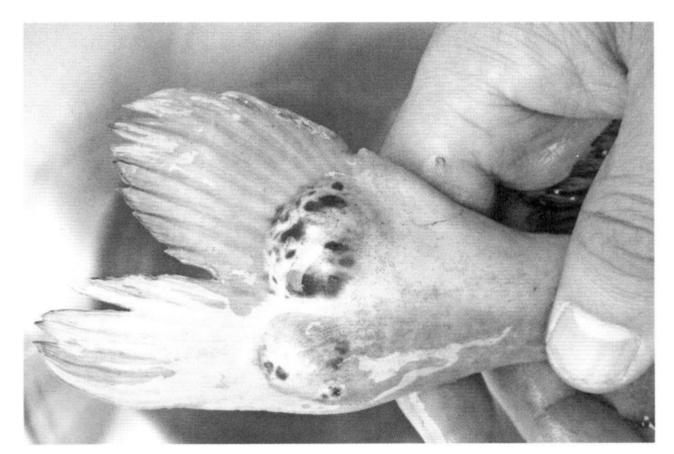

图 5-10　病灶部位隆起红肿

图 5-11　脓疮周围的皮肤和肌肉发炎充血

图 5-12　鳍基部充血，鳍条裂开

治疗方法

1）用复方磺胺甲唑喂鱼。第一天每 50 千克鱼用药 5 克，第 2~6 天用药量减半。药物与面粉混合投喂，连喂 6 天。

2）每 100 千克鱼每天用盐酸土霉素 5~7 克拌料，分上、下午两次投喂，连喂 10 天。

六、白皮病

白皮病又称为白尾病。

病因

由白皮极毛杆菌引起，主要由于拉网、分箱、过筛、运输时操作不慎，使鱼体受伤后感染了白皮极毛杆菌引起。

症状

发病初期，在尾柄或背鳍基部出现一个小白点，以后迅速蔓延扩大病灶，致使鱼的后半部全变成白色（图 5-13）。病情严重时，病鱼的尾鳍全部腐烂（图 5-14），头向下，尾朝上，身体与水面垂直，不久即死亡。

图 5-13　感染白皮病的体表

图 5-14　尾鳍腐烂

一年四季均可发生。

死亡率高。

1）避免鱼体受伤。

2）用 1 毫克 / 升的漂白粉全池泼洒。

治疗方法

1）将 2~4 毫克 / 升的五倍子捣烂，用热水浸泡，连渣带汁泼洒全池。

2）用 2%~3% 的食盐水浸洗病鱼 20~30 分钟。

3）病鱼饲养池泼洒 0.3~0.5 毫克 / 升的二氧化氯。

4）每亩水面水深 1 米用菖蒲 1 千克、枫树叶 5 千克、辣蓼 3 千克、杉树叶 2 千克，煎汁后加入尿素 20 千克，全池泼洒。

5）每亩用韭菜 2~3 千克，加 0.5 千克食盐，和豆饼一起磨碎后投喂，每天 2 次，连喂 2~3 天。

6）每亩用白头翁 1.2 千克、菖蒲 2.4 千克、野菊花 2 千克、马尾松 5 千克，混合煎汁，全池泼洒。

七、鲤白云病

由恶臭假单胞菌引起。

初期可见鱼的体表有点状白色黏液状物质附着，并逐渐蔓延扩大，病情严重时好似全身布满一片白云，例如，感染白云病的草鱼，身上一块块的就像布满白云（图 5-15），尤其是以头部、体侧、背部及尾鳍处黏液更为稠密（图 5-16）。病鱼鳞片基部充血，鳞片脱落，沿着池边游动不吃食，游动缓慢，不久即死亡。

1）本病流行于水温 6~18℃的季节。当水温上升到 20℃以上时，这种病可不治而愈。

2）当鱼体受伤后更容易暴发流行。

3）本病常与竖鳞病、水霉病等疾病并发。

病鱼的死亡率可高达 60% 以上。

图 5-15　鱼身上一块块的就像布满白云

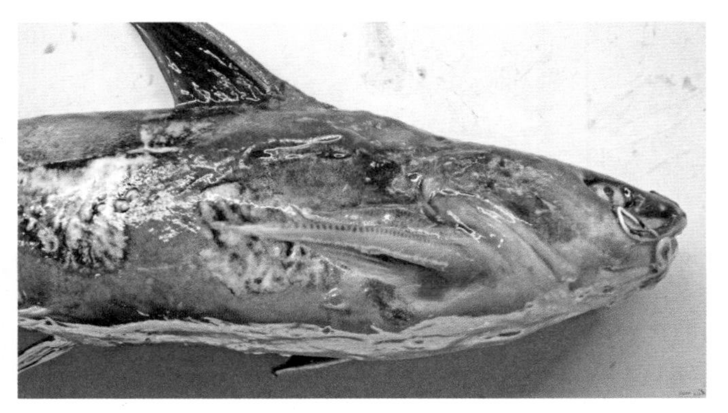

图 5-16　头部和体侧都有丰富的黏液

1）应选择健壮、不受伤的鱼种饲养。

2）鱼苗、鱼种放养前要用高锰酸钾水溶液或盐水等进行药浴，以杀灭体表寄生虫及病原菌。

3）加强饲养管理，增强鱼体抗病力，尽量缩短越冬停食期。

1）疾病流行季节，每月可投喂添加有抗生素类药物的内服药饲料 1~2 次。

2）将大蒜去皮捣烂，按每千克体重 1~2 克拌料投喂病鱼，连续 5 天为 1 个疗程。

3）采用腹腔注射抗生素药物的方法，连续注射 3~5 天。

八、爱德华氏病

由爱德华氏菌感染引起。

初期病鱼胸鳍侧有直径为 3~5 毫米的损伤，外部如针状，并深入到肌肉。在 10~15 天内损伤面积逐渐扩大，患病的鱼在损伤的肌肉内有恶臭的气味。病鱼身体发黑，腹部膨大，肛门肿胀（图 5-17）。解剖病鱼时，可见肾脏肿大，肝脏发白，并伴有小白点（图 5-18），有腹水。发病池的鱼种喜群集在池角处。

1）本病一般在 5~9 月流行。

2）加温培育的鱼苗，常易暴发本病。

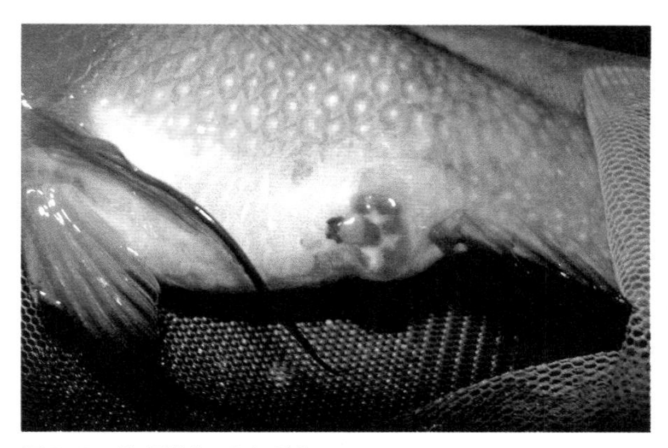

图 5-17　腹部膨大，肛门肿胀

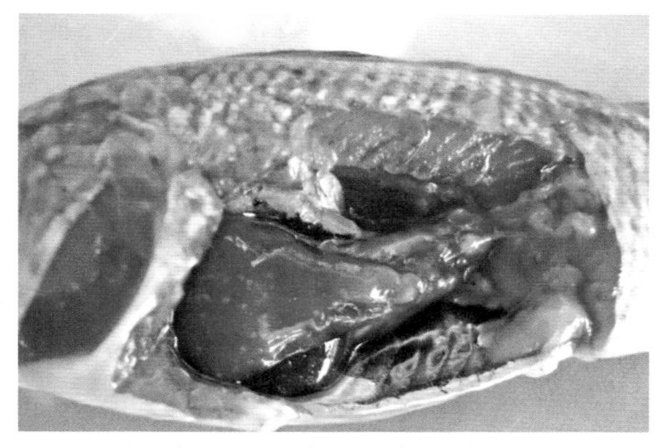

图 5-18　肾脏肿大，肝脏发白，并伴有小白点

1）多见于鱼苗、鱼种阶段。

2）病鱼死亡率为 30%~60%。

1）升、降水温时，温差不能太大，一般不超过 3℃为宜，以免鱼因不适应，致使体质下降，易被病菌感染。

2）投喂的饵料要清洁，鲜活饵料要严格消毒，可用 200 毫克 / 升的三氯异氰脲酸浸洗 1~2 小时，发病时消毒更应严格。

3）定期泼洒杀菌剂。

1）可用抗生素如金霉素、盐酸土霉素等治疗，用量为每吨饲料中拌入盐酸土霉素 1.5 千克。

2）选用磺胺类药物或抗生素拌料投喂。磺胺类药物每天每千克体重投放约 200 毫克，抗生素每天每千克体重投放 40~50 毫克，连续 5 天为 1 个疗程。

3）2~5 毫克 / 升土霉素或 0.2~0.5 毫克 / 升三氯异氰脲酸全池泼洒，病情严重时，可连泼 2 天。

九、竖鳞病

竖鳞病又称为鳞立病、松鳞病。

病因

病原体为点状极毛杆菌，多为频繁换水所致。

病鱼体表肿胀粗糙，部分或全部鳞片张开似松果状，鳞片基部水肿充血，严重时全身鳞片竖立（图 5-19），用手轻压鳞片，鳞囊中的渗出液即喷射出来，随之鳞片脱落，后期鱼腹膨大，失去平衡，不久死亡。有的病鱼伴有鳍基充血，皮肤轻度充血（图 5-20），眼球外突；有的病鱼则表现为腹部膨大，腹腔积水，反应迟钝，浮于水面。

图 5-19　竖鳞病的典型症状就是全身鳞片竖立

图 5-20　皮肤轻度充血

1）一般流行于水温低的季节或短时间内水温多变时。

2）鱼类越冬后，抵抗力减弱，最易发生。

3）每年秋末至春季为主要流行季节。

4）我国各地均流行，但是以东北和华北地区较为流行。

5）常有两个流行高峰期，一是鱼产卵期，二是鱼越冬期，尤其以产卵期发生本病的较多。

6）在静水饲养池中较为流行。

1）主要危害 2 龄以上的鲤鱼和鲫鱼。

2）病鱼的死亡率一般在 50% 左右。

1）强化秋季培育工作，使越冬的鱼抗低温和抗疾病的能力增强。

2）在捕捞、运输等操作过程中严防鱼体受伤，以免造成细菌感染。

3）加强鱼越冬前的育肥工作，尽量缩短停食期，早春水温回升后，尽量多投喂鲜活饵料或配合饲料，增强鱼的抗病力。

4）定期向池中加注新水，保持优良的饲养水质。

1）在患病早期，刺破水泡后涂抹抗生素和敌百虫的混合液。产卵池在冬季要进行干池清整，并用漂白粉消毒。

2）用2%的食盐溶液浸洗鱼体5~15分钟，每天1次，连续浸洗3~5天。

3）水温在20℃以下时，泼洒二氯异氰脲酸钠，使水体中的药物浓度达到1.5~2毫克/升。

4）腹腔注射链霉素，每尾鱼5万~10万单位。

5）按每千克体重0.5克用药量，将氟苯尼考拌料，连续投喂5天为1个疗程。

6）采取内服磺胺嘧啶的方法治疗。先将病鱼饲养在0.5%的食盐水溶液中，并且停止投喂饵料2天，使鱼体肠道内容物排空后，再将鱼放入清水中。按每尾0.2克用药量，将磺胺嘧啶拌料投喂，隔天1次，连续服药5次为1个疗程。

7）用2%的食盐和3%的小苏打混合液浸洗病鱼10~15分钟，然后放入含微量食盐（0.01%~0.02%）的水中静养。

8）用20毫克/升的二氧化氯浸洗病鱼20~30分钟，或用1~2毫克/升的二氧化氯全池泼洒（水温20℃以上用量为1~1.5毫克/升，20℃以下用量为1.5~2毫克/升）。

9）每100千克水加捣碎的大蒜头0.5~1千克，搅匀后将鱼放入，浸洗约30分钟。

10）全池泼洒优氯净（含有效氯56%），使水体中药物浓度达到0.5~0.6毫克/升。

11）每亩用艾叶5千克，捣碎取汁，加入生石灰1.5千克，调匀后全池泼洒。

12）在50千克水中加入捣碎的大蒜头0.25千克，浸洗病鱼，有较好疗效。

13）用苦参煎汁，0.5千克苦参加水7.5~10千克，煮沸后用慢火再煮20~30分钟，连渣带汁泼入池中，全池遍洒，每亩用药0.75~1千克，隔天重复1次，3天为1个疗程。

十、鱼类弧菌病

由弧菌感染引起。

症状

患病鱼类体色发黑，鳃部贫血（图 5-21），有的鱼体表还有溃烂现象（图 5-22），有的鱼体表有出血情况发生，肛门红肿，排出白色黏液状粪便。

图 5-21　鳃部贫血

图 5-22　体表溃烂

1）海水、淡水环境中均可感染。

2）水温为 20~25℃易流行。

1）可以感染香鱼、虹鳟鱼、大鳞大麻哈鱼、银大麻哈鱼、鳗鲡、美洲红点鲑、鲫鱼、银鲫、鲤鱼、乌鳢、斑马鱼、剑尾鱼、扁鲛、泥鳅等。

2）对低龄鱼危害较为严重。

3）发病快、死亡率高。

1）每年冬季清除池塘里过多的淤泥，并用 20 毫克 / 升的漂白粉清塘消毒。

2）放养鱼种前，鱼池要清淤，并用 200 毫克 / 升的生石灰清塘消毒。

3）投喂的饲料营养要丰富，不能投喂发霉、变质、氧化的饲料。

4）饲养密度要合理，不能高密度养殖。

5）发现病鱼，应及时捞出并远离养殖区深埋。

6）小心操作，尽可能避免鱼体受伤。加强日常鱼体消毒工作，及时杀灭体表寄生虫。

7）免疫接种最有效，在美国和日本应用得较为广泛。例如，美国已经商品化生产虹鳟鱼的鳗弧菌灭活菌疫苗，而日本则使用商品化生产的香鱼的鳗弧菌灭活菌疫苗。

1）每 100 千克鱼每天用盐酸土霉素 2~8 克拌料投喂，连喂 10~15 天。

2）每 100 千克鱼每天用磺胺甲基嘧啶 10~20 克拌料投喂，连喂 7~10 天。

3）用含有效氯 85% 的三氯异氰脲酸全池泼洒，使水体中药物浓度为 0.4~0.5 毫克 / 升。

4）用含有效氯 30% 的漂白粉全池泼洒，使水体中药物浓度为 1~1.2 毫克 / 升。

5）用含有效氯 60% 的漂白精全池泼洒，使水体中药物浓度为 0.5~0.6 毫克 / 升。

6）用含有效氯 56% 的优氯净全池泼洒，使水体中药物浓度为 0.5~0.6 毫克 / 升。

7）将五倍子磨碎用开水浸泡 24 小时后，再全池泼洒，使水体中药物浓度为 2~4 毫克 / 升。

十一、皮肤发炎充血病

病因

由嗜水气单胞菌感染引起，在水质不良或过多新水刺激时更易感染。

症状

皮肤发炎充血，以眼眶四周、鳃盖、腹部、尾柄等处较常见，体侧的鳞片在擦伤后也极易感染而导致发炎充血（图 5-23），有时鳍条基部也有充血现象（图 5-24），严重时鳍条破裂。病鱼浮在水表或沉在水底部，游动缓慢，反应迟钝，食欲较差，严重者导致死亡。

图 5-23　体侧的鳞片擦伤后导致发炎充血

图 5-24　鳍条基部充血

1）春末到初秋是本病的流行时期。

2）水温 20~30℃是本病的流行盛期，当水温降至 20℃以下时，仍然可能有少数鱼患病，且继续死亡，直至水温降到 10℃以下时，本病不会再发生。

3）我国各地都会发生。

1）几乎可以危害所有的鱼。

2）死亡率较高，可引起鱼类大量死亡。

1）合理密养，水中溶解氧量维持在 5 毫克 / 升左右，尽量避免鱼浮头现象。

2）加强饲养管理是预防本病发生的关键，要投喂营养丰富的配合饲料，增强鱼的抗病力。

3）用 20 毫克 / 升的二氧化氯或三氯异氰脲酸浸洗鱼体，当水温在 20℃以下时浸洗 20~30 分钟，水温为 21~32℃时浸洗 10~15 分钟，该方法可以用作预防和早期的治疗。

1）用 0.2~0.3 毫克 / 升的二氧化氯或二氯异氰脲酸钠全池泼洒。如果病情严重，药物浓度可增加到 0.5~1.2 毫克 / 升，疗效更好。

2）用 2.0~2.5 毫克 / 升的三氯异氰脲酸浸洗鱼体 30~50 分钟，每天 1 次，连续 3~5 天。

3）用链霉素或卡那霉素注射，每千克鱼腹腔注射 12 万 ~15 万单位，第五天再注射 1 次。

4）将新霉素粉 0.2 克加食盐 250 克溶于 10 千克水中，浸洗病鱼 10~20 分钟。

5）用低浓度的高锰酸钾溶液浸洗病鱼 10 小时。

十二、黏细菌性白头白嘴病

由纤维黏细菌感染引起。

病鱼的头部和嘴周围长着白色棉花状菌丝，为乳白色，唇似肿胀，嘴部不能张闭而造成呼吸困难（图 5-25），有些病鱼颅顶和瞳孔周围有充血现象，呈现“红头白嘴”症状（图 5-26）。病鱼通常不合群，游近水面呈浮头状，难以摄食，游动缓慢无力，最终死亡。

每年 5 月下旬至 7 月上旬是流行时期，6 月为流行高峰期。

图 5-25 鲈鱼白头白嘴病早期症状为唇似肿胀，嘴部不能张闭

图 5-26 鲤鱼呈现“红头白嘴”症状

1）主要危害放养一周后的夏花鱼种。

2）本病呈急性型，发病迅速，易致鱼苗大批量死亡。

1）适当稀养。

2）用 2% 的食盐水溶液浸洗 5~10 分钟。

3）用 20 毫克 / 升的二氧化氯或三氯异氰脲酸浸洗，注意切断病源，密度适中，投饵新鲜，定期添加抗生素。

1）用青霉素或 10 毫克 / 升的盐酸土霉素浸洗病鱼。

2）每 10 千克水加入 10 万 ~25 万单位水溶性青霉素或金霉素溶液浸洗。

3）用 1 毫克 / 升的漂白粉含有效氯 30% 全池泼洒 1~2 次。

4）发病初期用 15 毫克 / 升的金霉素或 25 毫克 / 升的盐酸土霉素溶液浸洗鱼体 30 分钟，再泼洒漂白粉，使水体中药物浓度达到 1 毫克 / 升。

5）乌蔹莓（五爪龙）硼砂合剂：其用量为每立方米水体用乌蔹莓 5~7 克、硼砂 1.5~2 克，通常每天洒药 1 次，连续 3 天，病情严重者，应连续洒药 6 天。

6）每立方米水体用五倍子 2~4 克，全池泼洒。

7）每立方米水体用大黄 1~1.5 克和硫酸铜 0.5 克，全池泼洒。使用时大黄先用氨水浸泡，以提高使用效果。

8）每亩用菖蒲 1~1.5 千克、艾草 2.5 千克、食盐 1.5 千克，全池泼洒，连续 3 天。

十三、打印病

打印病又称为腐皮病。

病因 因操作不当，鱼体受伤，导致点状产气单胞菌点状亚种侵入，造成鱼体肌肉腐烂发炎。

症状 发病部位主要在背鳍和腹鳍以后的躯干部分，其次是腹部两侧或近肛门两侧，少数发生在鱼体前部。病初先是皮肤、肌肉发炎，出现红斑，后扩大成圆形或椭圆形，边缘光滑，分界明显，似烙印，故称打印病（图 5-27）。随着病情的发展，鳞片脱落，皮肤、肌肉腐烂（图 5-28），甚至穿孔，可见到骨骼或内脏（图 5-29）。病鱼身体瘦弱，游动缓慢，严重发病时陆续死亡。

图 5-27 打印病的典型症状

图 5-28 皮肤、肌肉腐烂

图 5-29 出现穿孔，可见到骨骼或内脏

1）本病几乎可以危害所有的鱼类，而且大多是由于鱼类体表受伤后由病原菌的感染所致。

2）春末至秋季是流行时期，夏季水温 28~32℃时是流行高峰期。

3）各地均可以发生。

1）本病是食用鱼和观赏鱼的常见病、多发病，患病的多数是 1 龄以上的鱼。

2）亲鱼患本病后，性腺往往发育不良，怀卵量下降，甚至当年不能催产。

1）彻底清塘，经常保持水质清洁，加注新水。

2）加强饲养管理，注意细心操作，避免鱼体受伤，可有效预防本病。

3）在发病季节用 1 毫克 / 升的漂白粉全池泼洒消毒。

4）用 0.3 毫克 / 升的二氧化氯全池泼洒或用 20 毫克 / 升三氯异氰脲酸浸洗 10~20 分钟。

1）每尾鱼注射青霉素 10 万单位，同时用高锰酸钾溶液擦洗患处。

2）用 2.0~2.5 毫克 / 升的溴氯海因浸洗病鱼。

3）发现病情时，及时用 1% 的三氯异氰脲酸溶液涂抹患处，并用相同的药物泼洒，使水体中的药物浓度达到 0.3~0.4 毫克 / 升。

4）用稳定性粉状二氧化氯泼洒，使水体中的药物浓度达到 0.3~0.5 毫克 / 升。

5）对患病亲鱼可在其病灶上涂抹 1% 的高锰酸钾溶液，或用纱布吸去病灶上的水分后涂以金霉素或四环素药膏。

6）每亩用苦参 0.75~1 千克，每 0.5 千克药加水 7.5~10 千克，煮沸后再慢火煮 20~30 分钟，然后连渣带汁泼入水中，连续 3 天为 1 个疗程。发病季节每半月预防 1 次。

7）每亩用苦参 0.5 千克、漂白粉 2 千克。将 0.5 千克苦参加水 7.5 千克，煮沸后再慢火煮 30 分钟，然后连渣带汁泼入水中，同时配合施用漂白粉，将漂白粉化水全池泼洒，连续 3 天为 1 个疗程。

十四、出血性腐败病

1）由荧光假单胞菌感染引起。

2）通常鱼体受伤，水体溶解氧量低，有机质含量高，易发生本病。

症状

病鱼体表局部或大部分充血发炎，鳞片脱落，特别是鱼体两侧及腹部最明显。背鳍、尾鳍等鳍条基部充血，腹腔内有大量红色或浅黄色腹水（图 5-30），肠道内没有食物，肠道充血，肝脏、脾脏肿大，呈紫黑色（图 5-31），上下颌及鳃盖都有充血现象，部分病鱼的鳍条末端腐烂（常称为“蛀鳍”）（图 5-32）。

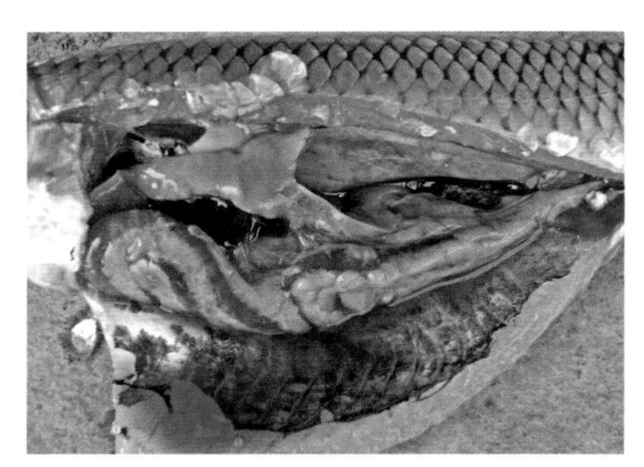

图 5-30 腹腔内有大量红色或浅黄色腹水

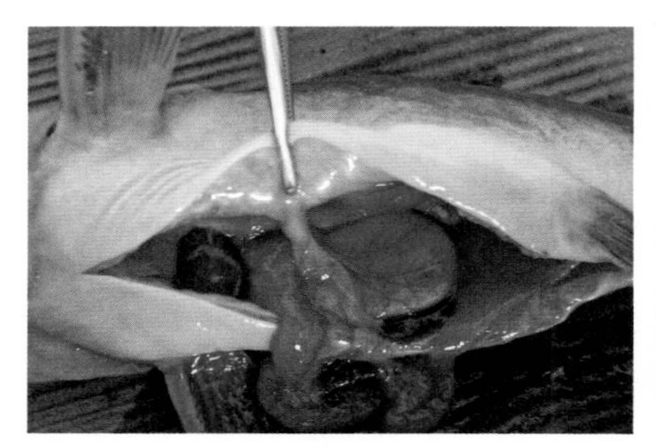

图 5-31 肠道内没有食物且充血，肝脏、脾脏肿大，呈紫黑色

图 5-32 鳍条末端腐烂

1）一年四季均可发生。

2）水温为 25~30℃时最为流行。

3）我国各地都有流行。

4）常与细菌性烂鳃病、肠炎病、水霉病并发。

各种鱼均可感染。

1）合理密养，水中溶解氧量最好维持在 5 毫克 / 升左右。

2）注意饲养管理，操作要小心，尽量避免鱼体受伤。

3）用 1 毫克 / 升的漂白粉全池泼洒。

4）鱼体放养时先用 10 毫克 / 升的漂白粉浸洗 20~30 分钟，再放养。

5）放鱼后在饵料台用漂白粉挂篓，或用 250 克漂白粉兑水溶化，立即在饵料台及附近泼洒，每半个月 1 次。

1）用 20 毫克 / 升的二氧化氯或三氯异氰脲酸浸洗，或用 0.2~0.3 毫克 / 升的二氧化氯或三氯异氰脲酸全池泼洒。

2）用 20 毫克 / 升的依沙吖啶浸洗，或用 0.8~1.5 毫克 / 升的依沙吖啶全池泼洒。

3）用 2% 的食盐浸洗鱼体 5~15 分钟，每天 1 次，连续浸洗 3~5 次。

4）内服“三黄一莲”药草法：第一天按每 50 千克鱼种用复方磺胺甲唑 8 克、盐酸黄连素（小檗碱）4 克、大黄苏打片 8 克、穿心莲 8 克，混合捣碎，掺入煮熟冷却后的面粉中，充分搅拌均匀，拌入 20 千克嫩草，晾干后投喂，4 天为 1 个疗程，第二天至第四天药量减半。

5）“三黄粉”是大黄、黄柏、黄芩三种中药粉按 5∶3∶2 的比例配合而成，在本病流行季节，每隔半个月至 1 个月，每 50 千克鱼用“三黄粉”1 千克、食盐 0.3~0.4 千克，拌入 10 千克精料中，加水适量，制成团状或颗粒状药饵投喂于食场，每天投喂 1 次，连续投喂 1 周。

6）每 50 千克鱼用葎草 1.5~2.5 千克，粉碎成浆，掺入面粉 0.5 千克作黏合剂，再拌水草或麦皮 2.5 千克，治疗前停食 1 天，每天上午 9 点左右投喂 1 次，连续 3~5 天。第 1 天用药的同时，每亩用生石灰 12.5 千克，或每立方米水体用敌百虫 0.2~0.5 克，全池泼洒。

7）每亩用蓖麻鲜叶或嫩叶 15 千克，扎成捆，放置饲养池内浸泡。

十五、肠炎病

肠炎病又称为烂肠瘟、乌头瘟。

病因

由肠道点状产气单胞杆菌感染引起。在水质恶化、溶解氧量低、饲料变质或腐败、摄取含细菌的不洁食物引起鱼体抵抗力下降时，继发细菌感染，引起本病。

症状

病鱼呆滞，反应迟钝，离群独游，鱼体发黑，头部、尾鳍更为显著，行动缓慢、厌食，甚至失去食欲，腹部膨大（图5-33），出现红斑，肛门红肿（图5-34），初期排白色线状黏液或便秘。剪开肠道，可见肠壁充血发炎，肠道没有食物，严重时，轻压腹部有血黄色黏液流出（图5-35）。有时病鱼停在池塘角落不动，做短时间的抽搐至死亡。

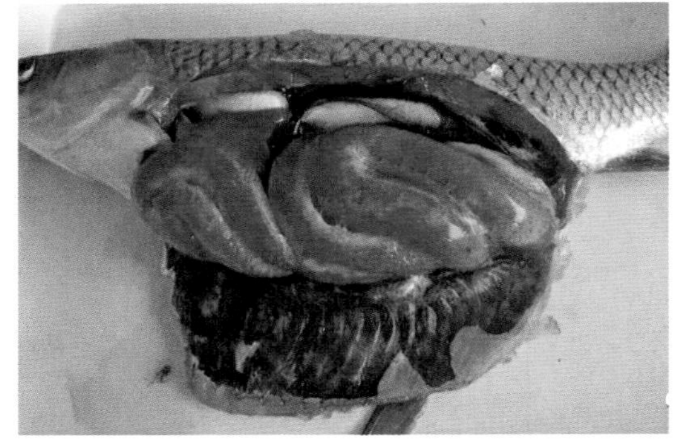

图5-33　腹部膨大

图5-34　腹部膨大，出现红斑，肛门红肿

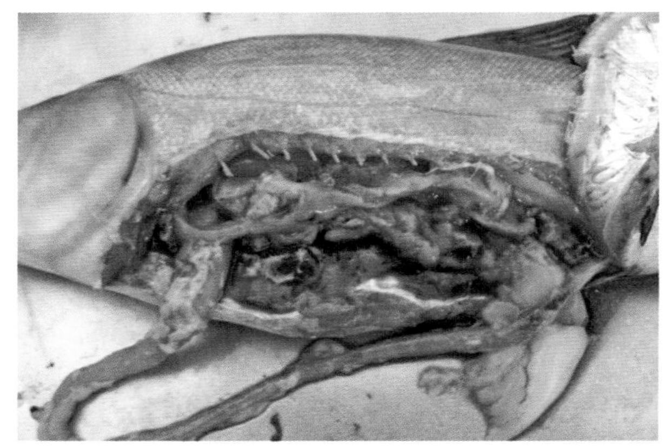

图5-35　肠道无食物，轻压腹部有血黄色黏液流出

1）多发生于4~10月，水温达到18℃以上时发病，流行高峰时的水温通常为25~30℃。

2）有两个流行高峰，1龄以上的鱼发病多在5~6月，甚至提前到4月，而当年的鱼种大多在7~9月发病。

3）是一种流行很广的细菌性疾病，常与细菌性烂鳃病、赤皮病并发。

可引起鱼大批死亡，平均死亡率可达50%以上，严重时死亡率可高达90%。

1）饲养环境要彻底消毒，投放鱼种前用浓度为10毫克/升的漂白粉溶液浸洗饲养用具。

2）加强饲料管理，掌握投喂饲料的质量，忌喂腐败变质的饲料，在饲养过程中定期加注新水，保持水质良好。

3）用5毫克/升的盐酸土霉素或四环素浸洗，也可用1毫克/升的漂白粉全池泼洒，以达到预防的目的。

1）每升水用1.2克二氧化氯，然后将病鱼浸洗10分钟，用药2~3次。

2）每升水中放庆大霉素10支，或金霉素10片或土霉素25片，然后将病鱼浸洗15分钟。

3）饲料中添加新霉素，每千克饲料添加1.5克，连喂5~7天。

4）对于发病严重已经不能摄食的鱼，可每天腹腔注射卡那霉素200~500单位，连续3~5天或至症状消失。

5）按每10千克鱼用大蒜50克，每天1次，连喂3天。

6）按每10千克鱼用地锦草干草50克或鲜草250克，每天1次，连喂3天。

7）按每10千克鱼用铁苋菜干草50克或鲜草200克，每天1次，连喂3天。

8）按每10千克鱼用辣蓼鲜草200克，每天1次，连喂3天。

十六、黏细菌性烂鳃病（乌头瘟）

由柱状纤维黏细菌感染引起。

鳃部腐烂（图5-36），带有一些污泥，鳃丝发白，有时鳃部尖端组织腐烂，造成鳃边缘残缺不全、有时鳃部某一处或多处腐烂。鳃盖骨的内表皮充血发炎，中间部分的表皮常被腐蚀成一个略成圆形的透明区，露出透明的鳃盖骨，俗称“开天窗”。由于鳃丝肿胀（图5-37），鳃部组织被破坏造成病鱼呼吸困难，常游近水表呈浮头状；行动迟缓，食欲不振。

1）水温在20℃以上即开始流行，春末至秋季为流行盛期。水温在15℃以下时，病鱼逐渐减少。

2）我国各地都有流行。

3）是食用鱼的常见病、多发病。

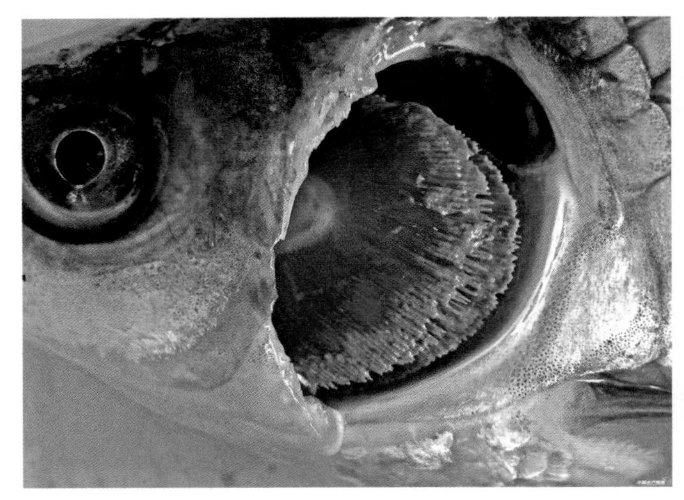

图 5-36　鳃部腐烂

图 5-37　鳃丝肿胀

1）危害所有的鱼。

2）能使 1 龄鱼大量死亡。

1）当年鱼适当稀养。

2）使用漂白粉挂袋预防。

3）在发病季节每月全池泼洒生石灰水 1~2 次，保持池水 pH 在 8 左右。

4）定期将乌桕叶扎成小捆，放在池中沤水，隔天翻动 1 次。

5）在发病季节尽量减少捕捞次数，避免使鱼体受伤。

6）放养鱼种前用浓度为 10 毫克 / 升的漂白粉溶液或 15~20 毫克 / 升的高锰酸钾溶液浸洗鱼种 15~30 分钟，或用 2% 的食盐水浸洗 10~15 分钟。

1）及时采用杀虫剂杀灭鱼体鳃上和体表的寄生虫。

2）用 1 毫克 / 升的漂白粉全池泼洒。

3）每 0.5 千克大黄（干品）用 10 千克淡的氨水（氨水含量为 0.3%），浸泡大黄 12 小时后全池泼洒。

4）在 10 千克的水中溶解 11.5% 的氯胺丁 0.02 克，浸洗病鱼 15~20 分钟。

5）用高效水体消毒剂，全池泼洒，连泼 3 天。

6）用 2 毫克 / 升的三氯异氰脲酸浸洗数天，然后更换新水。

7）将 80 万 ~120 万单位青霉素或 16 万单位庆大霉素溶于 50 千克水中，全池泼洒。

8）泼洒稳定性粉状二氧化氯，使水体中药物浓度达到 0.3~0.4 毫克 / 升。

9）泼洒五倍子（磨碎浸泡），使水体中药物浓度达到 2~4 毫克 / 升。

10）用 2% 的食盐浸洗病鱼，水温控制在 32℃以下，浸洗 5~10 分钟。

11）每立方米水体用五倍子 1~4 克，全池泼洒。

12）乌桕叶干粉按每立方米水体 6.25 克计算，用 20 倍乌桕叶干粉量的 2% 的生石灰水浸泡乌桕叶干粉，煮沸 10 分钟，使 pH 在 12 以上，全池泼洒。

13）大黄按每立方米水体 2.5~3.7 克计算，用 20 倍大黄量的 3% 氨水浸泡大黄 12 小时后，全池泼洒。

14）每万尾鱼种或每 50 千克鱼用干地锦草 250 克（鲜草 1.25 千克）煮汁拌入饲料内或制成药饵喂鱼，3 天为 1 个疗程。

15）将辣蓼、铁苋菜混合（1∶1），按每 50 千克鱼每天用鲜草 1.25 千克或干草 250 克计算，煮汁拌入饲料内或制成药饵喂鱼，3 天为 1 个疗程。

十七、蛀鳍烂尾病

由点状产气单胞杆菌感染引起。

病鱼的鳍条边缘出现乳白色，后逐渐扩大，末端裂开（图 5-38），继而腐烂造成鳍条残缺不全，尾鳍尤为常见（图 5-39）。有的鱼每根鳍条软骨间结缔组织裂开（图 5-40），有的病鱼尾鳍成扫帚状，严重时整个尾鳍烂掉（图 5-41）。病鱼在水中游动时形似白色尾巴，病鱼常常头部朝下，倒立在水中。

1）一年四季都可以发生。

2）不同规格的鱼都可能感染。

3）常伴随水霉病感染。

1）多发生在尾鳍较薄的鱼类品种。

2）在水温较高的季节，病鱼可能死亡。

图 5-38　鳍条末端裂开

图 5-39　尾鳍残缺不全

图 5-40　每根鳍条软骨间结缔组织裂开

图 5-41　整个尾鳍烂掉

1）进行捕捞、换水等操作要小心，防止鱼体机械损伤。

2）及时杀灭寄生虫，防止寄生虫咬伤鱼体，以减少致病菌感染。

3）用浓度为 0.5 毫克 / 升的二氧化氯溶液全池泼洒。

1）用三氯异氰脲酸泼洒，使水体中的药物浓度达到 0.4~1 毫克 / 升。

2）发病初期，用 1% 的二氯异氰脲酸钠涂抹鱼体，每天 1 次，连续多次，同时用二氧化氯泼洒，使水体中的药物浓度达到 1~2 毫克 / 升。

3）用 2.5 毫克 / 升的土霉素溶液浸洗鱼体 30 分钟，再泼洒稳定性粉状二氧化氯，使水体中的药物浓度达到 0.3 毫克 / 升。

4）用 0.8~1.5 毫克 / 升的依沙吖啶全池泼洒，此方法适用于名贵鱼种。

5）每 100 千克鱼每天用 3 克诺氟沙星拌料投喂，连喂 5 天，可增强抗病力与组织再生能力。

6）每立方米水体用五倍子 1 千克。先将五倍子加水煮沸 20 分钟（1 千克五倍子加水 3~5 千克），连渣带汁全池泼洒，使池水中药物浓度达到 1~4 克 / 升。

十八、穿孔病（洞穴病）

病因

由鱼害黏球菌感染引起。

症状

早期病鱼食欲减退，体表部分鳞片脱落，表皮微红，体表微微隆起，随后病灶出现出血性溃疡，头部、鳃盖、背部、腹部、鳍部、尾柄均可出现。其溃疡不仅限于真皮层，而且深及肌肉，严重的甚至危害到骨骼和内脏，因外观像一个洞穴，又称洞穴病（图 5-42）。热带鱼感染本病也有其典型溃疡症状（图 5-43）。鳃丝红肿成棒状，有的病鱼鳃丝呈紫色，有的病鱼整个鳃丝呈苍白色，有的病鱼部分鳃丝形成血栓，以致呼吸困难，窒息而死。

图 5-42　穿孔病的溃疡外观像个洞穴

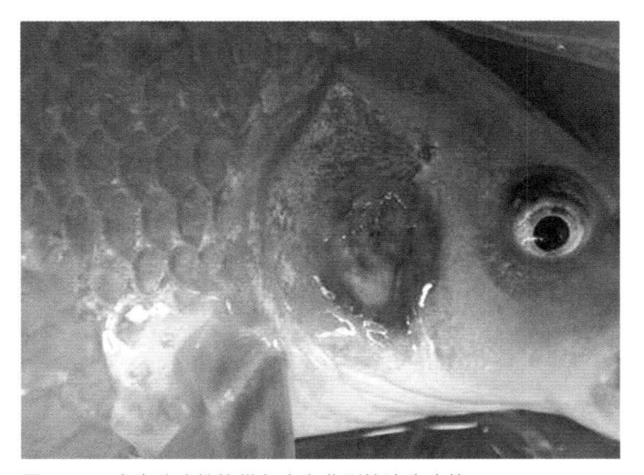

图 5-43　患穿孔病的热带鱼也有典型的溃疡症状

当年 9 月到第二年 6 月为流行期，而 10 月到初冬水温较低时，为流行高发期。

1）本病是鱼疾病中危害最大的一种病，发病快，病程持续时间较长。

2）鱼苗、幼鱼都会患病。

1）经常投喂营养丰富的配合饲料，加强营养，增强对穿孔病的抗病力。

2）合理密养，水中溶解氧量最好维持在 5 毫克 / 升左右。

3）患病死亡的鱼必须深埋并用生石灰消毒灭菌。

4）饲养过病鱼的池水用 10 毫克 / 升的漂白粉全池泼洒，消毒 24 小时后方可排出。

1）二氧化氯和食盐合剂浸洗。20 毫克 / 升的二氧化氯加 1.4% 的食盐混合液浸洗 20~30 分钟，每天浸洗 1 次，连续浸洗 2~3 次。

2）用 1% 的二氧化氯涂抹病灶处，每天 1 次，连续 3~5 次，能使伤口愈合，长出新的鳞片。

3）用溴氯海因泼洒，使水体中的药物浓度达到 0.4~1 毫克 / 升。

4）用二氯异氰脲酸钠泼洒，使水体中的药物浓度达到 1~2 毫克 / 升，以防止伤口感染。

第六章

原生动物性疾病的诊断与防治

一、淡水小瓜虫病（白点病）

病因　由多子小瓜虫寄生引起。

症状　患病初期，胸鳍、背鳍、尾鳍和体表皮肤均有大量小瓜虫密集寄生，形成白点状囊泡（图6-1），严重时全身皮肤和鳍条布满白点和覆盖白色的黏液。患病后期体表如同覆盖一层白色薄膜，黏液增多，体色暗淡无光（图6-2），尤其是鱼的尾鳍和尾柄处更容易感染白点病（图6-3）。病鱼身体瘦弱，聚集在鱼缸的角落、水草、石块上互相挤擦，鳍条破裂，鳃组织被破坏，食欲减退，常呈呆滞状漂浮在水面不动或缓慢游动，终因呼吸困难死亡。

图6-1　胸鳍、背鳍、尾鳍和体表皮肤有白点状囊泡

图 6-2　黏液增多，体色暗淡无光

图 6-3　尾鳍和尾柄处感染白点病

1）一年四季都可感染，但有明显的季节性，每年 3~5 月、11~12 月为流行盛期。

2）水温 15~20℃适宜小瓜虫繁殖，水温上升到 28℃或下降到 10℃以下时，加速小瓜虫孢囊生长速度，使它们自鱼体表面脱落后。

1）传染速度很快。

2）从鱼苗到成鱼都会患病且大量死亡。

1）在放鱼苗前用生石灰彻底清塘。

2）提高水温至 28℃以上，并及时更换新水，保持水温。

3）加强饲养管理，增强鱼体免疫力。

4）对已发过病的水泥池、池塘先要洗刷干净，再用 5% 的食盐水浸泡 1~2 天，以杀灭小瓜虫及其孢囊，并用清水冲洗，然后才能养鱼。

5）按每亩水面水深 1 米，用青木香 1 千克、海金沙 1 千克、芒硝 1 千克、白芍 0.25 千克和归尾 0.25 千克，煎水加大粪 7.5 千克全池泼洒，可预防本病。

1）用 2 毫克 / 升的福尔马林浸洗鱼体，水温在 15℃以下时，浸洗 2 小时；水温在 15℃以上时，浸洗 1.5~2 小时。浸洗后在清水中饲养 1~2 小时，使死掉的虫体和黏液脱落。

2）用 167 毫克 / 升的冰醋酸浸洗鱼体，水温在 17~22℃时，浸洗 15 分钟。相隔 3 天再浸洗 1 次，3 次为 1 个疗程。

3）用 0.01 毫克 / 升的甲苯达唑浸洗 2 小时，6 天后重复 1 次，浸洗后在清水中饲养 1 小时。

4）用 200~250 毫克 / 升的福尔马林和 0.02 毫克 / 升的左旋咪唑合剂浸洗 1 小时，6 天后重复 1 次，浸洗后在清水中饲养 1 小时。

5）用 2 毫克 / 升的甲基蓝溶液浸洗病鱼，每天浸洗 6 小时。

6）按每亩水面水深 1 米，用辣椒粉 250 克、干姜片 100 克，混合加水煮沸，全池泼洒。

7）用 30% 的土荆芥、40% 的苦楝叶、20% 的野芋叶、10% 的紫花曼陀罗，混合煎汁至原药量的 2 倍，浸洗病鱼。

二、斜管虫病

病因　由斜管虫（图 6-4）寄生引起。

症状　斜管虫寄生于鱼的皮肤、鳃和尾鳍（图 6-5）等部位，引起局部分泌物增多，逐渐形成白色雾膜，严重时遍及全身。病鱼消瘦，鳍萎缩不能充分舒展，呼吸困难，呈浮头状，食欲减退，漂游于水面或池边，随后发生死亡。

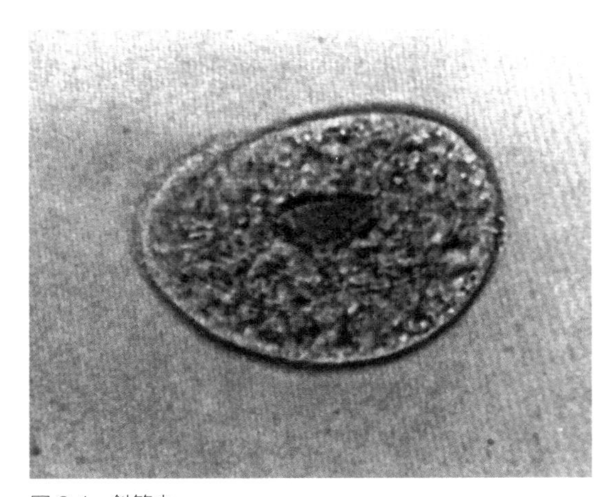

图 6-4　斜管虫

图 6-5　斜管虫寄生在鱼的尾鳍上

流行特点

1）我国各地都有分布。

2）流行时期为每年的初冬和春季。当水温在12~23℃时，斜管虫会大量繁殖，水温在25℃以上时，通常不会发生本病。

对苗种危害严重。

1）加强饲养管理，保持良好的水质环境，越冬前应将鱼体上的病原体杀灭，再进行肥育。

2）尽量缩短越冬期的停食时间，开食时要投喂营养丰富的饵料。

3）池塘在放鱼前10天用适量生石灰彻底清塘消毒。

4）在鱼种放养前，用8毫克/升的硫酸铜浸洗鱼种20~30分钟或用3%~4%的硫酸铜或硫酸铜和硫酸亚铁合剂（二者之比为5∶2）全池泼洒。

1）用2%~5%的食盐水浸洗5~15分钟。

2）用20毫克/升的高锰酸钾浸洗病鱼，水温在10~20℃时，浸洗20~30分钟；水温在20~25℃时，浸洗15~30分钟。

3）水温在10℃以下时，全池泼洒硫酸铜及硫酸亚铁合剂（二者之比为5∶2），使水体中药物浓度为0.6~0.7毫克/升。

4）用2毫克/升的福尔马林浸洗病鱼，水温在15℃以下时，浸洗2~2.5小时；水温在15℃以上时，浸洗1.5~2小时。将浸洗后的鱼体在清水中饲养1~2小时，使死掉的虫体和黏液脱掉后，再放回饲养池中饲养。

三、车轮虫病

由车轮虫（图6-6）寄生引起。

车轮虫主要寄生于鱼鳃、体表、鱼鳍或者头部。大量寄生时，鱼体出现一层白色物质，虫体附着在鱼体上，不断转动，虫体的齿钩能使鳃上皮组织脱落、增生、黏液分泌增多，鳃丝颜色变淡（图6-7）、不完整，病鱼体表发暗，消瘦，失去光泽，食欲不振，甚至停食，游动缓慢或失去平衡，常浮于水面。

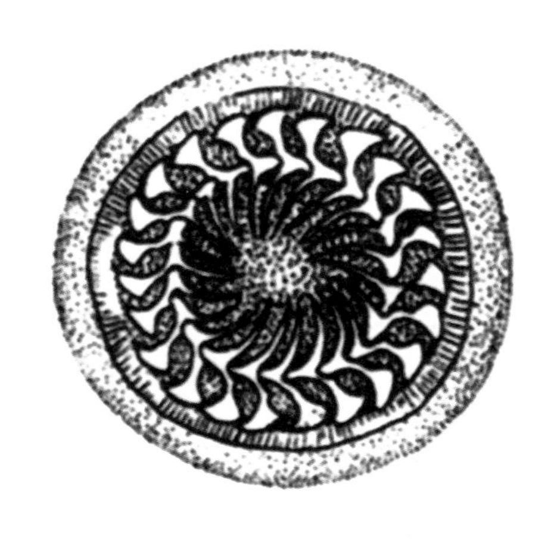

图 6-6　车轮虫

图 6-7　车轮虫寄生在鳃部，导致鳃部黏液增多，鳃丝颜色变淡

1）每年 5~8 月为流行时期。

2）水温在 25℃以上时车轮虫大量繁殖。

3）我国各地都有流行。

4）通常与其他寄生虫一起形成并发症。

1）主要危害鱼苗、鱼种。

2）车轮虫寄生数量多时，可导致鱼死亡。

1）合理施肥，放养前用生石灰清塘。

2）用 1 毫克 / 升的硫酸铜浸洗病鱼 30 分钟，水温降至 1℃时，用 8 毫克 / 升的硫酸铜。

1）用 25 毫克 / 升的福尔马林浸洗病鱼 15~20 分钟或用 15~20 毫克 / 升的福尔马林全池泼洒。

2）每亩水面水深 0.8 米，用枫树叶 15 千克浸泡于饲料台下。

3）用 8 毫克 / 升的硫酸铜浸洗病鱼 20~30 分钟，或用 1%~2% 的食盐水，浸洗 2~10 分钟。

4）用 0.5 毫克 / 升的硫酸铜、0.2 毫克 / 升的硫酸亚铁合剂，全池泼洒。

5）每亩水面水深 1 米，用苦楝树枝叶 30 千克，煮汁全池泼洒。

6）每亩水面水深 1 米，用枫杨树叶 30 千克，煮汁全池泼洒

7）每立方米水体用 3 千克桉树叶煮汁，浸洗鱼苗 30 分钟。

四、锥体虫病（昏睡病）

由锥体虫寄生引起。

病鱼身体消瘦（图 6-8），严重感染时有贫血现象，但不会引起大批死亡。

1）一年四季均有发生，尤以夏、秋两季较为普遍。

2）饲养水体中的尺蠖、鱼蛭等蛭类是锥体虫病的媒介生物，因此，锥体虫病的发生与水体中蛭类密切相关。

影响鱼的生长发育，个别严重者会死亡。

杀灭蛭类，用生石灰或漂白粉清塘消毒，用盐水或硫酸铜浸洗鱼体，用敌百虫毒杀水蛭。

目前尚未开发专门的药物来治疗，多以预防为主。

图 6-8　鳝鱼体内的锥体虫引起鱼体消瘦

五、黏孢子虫病

由中华黏体虫、鳃丝球孢虫等孢子虫类病原引起。

鱼体的头部、体表、鳃、肠道、胆囊等器官能形成肉眼可见的白色孢囊（图 6-9），导致鱼生长缓慢或死亡。严重感染时，胆囊膨大而充血，胆管发炎，孢囊阻塞肠部（图 6-10）。鱼体表发黑，消瘦。

图 6-9　鲤鱼头部形成白色孢囊

图 6-10　鲤鱼肠部孢囊

1）没有明显的季节性，一年四季均可发生。

2）我国各地都有发生。

所有的鱼均可感染，并造成较大损失。

1）用生石灰彻底清塘，用量为 125 千克 / 亩。

2）放养前用 500 毫克 / 升的高锰酸钾浸洗 30 分钟。

3）发现病鱼应及时清除，并深埋于远离水源的地方。

4）加强饲养管理，增强鱼体抵抗力。

1）用 0.5~1 毫克 / 升的敌百虫全池泼洒，2 天为 1 个疗程，连用 2 个疗程。

2）用 1.5 毫克 / 升的亚甲基蓝全池泼洒，隔天再泼 1 次。

3）饲养容器中泼洒福尔马林，使水体中的药物浓度达到 30~40 毫克 / 升，每隔 3~5 天 1 次，连续 3 次。

六、单极虫病

由单极虫（图 6-11）寄生引起。

病鱼极度消瘦，头大尾小，体表暗淡无光泽（图 6-12）。病鱼离群独自急游打转，经常跃出水面，最后死亡。

图 6-11　病鱼体内的单极虫

图 6-12　镜鲤体内寄生单极虫，导致鱼体极度消瘦，体表暗淡无光泽

1）无明显的发病季节，但是以冬、春两季较为普遍。

2）可感染所有的鱼。

危害

1）造成患病鱼死亡。

2）单极虫孢子对外界不良条件具有很强的抵抗能力，对控制鱼病传播造成一定困难。

1）采用生石灰清塘，能杀灭淤泥中的孢子，对控制本病有一定效果。

2）在放养鱼种之前，用 500 毫升 / 升的高锰酸钾浸洗 30 分钟，能杀灭 60%~70% 的单极虫孢子。

1）用 90% 的晶体敌百虫全池泼洒，使水体中药物浓度达到 1 毫克 / 升，3 天为 1 个疗程，连用 2~3 个疗程。

2）饲养容器中泼洒福尔马林，使水体中药物浓度达到 30~40 毫克 / 升，每隔 3~5 天 1 次，连续 3 次。

七、绦虫病

由舌状绦虫和双线绦虫寄生引起（图 6-13）。

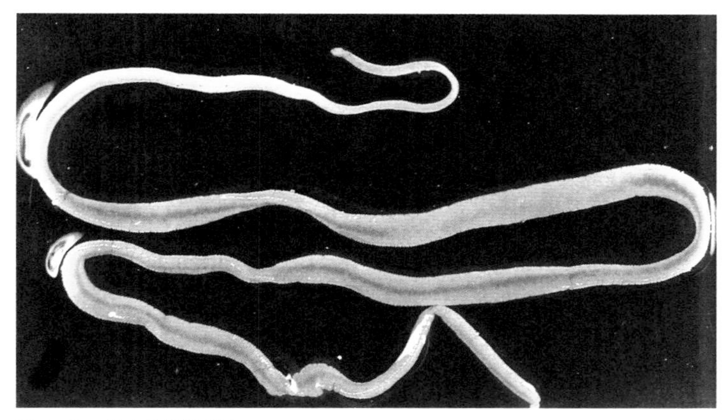

图 6-13　绦虫的活体形态

病鱼腹部膨大，严重时，鱼常在水面侧着身子或腹部向上缓慢游动，身体消瘦，剖开鱼腹可以看到体腔内充满白色面条状虫体（图 6-14），鱼体极度消瘦，失去生殖能力，甚至导致死亡（图 6-15）。有时虫体还可以钻破鱼腹。

图 6-14　病鱼体腔内充满白色面条状虫体

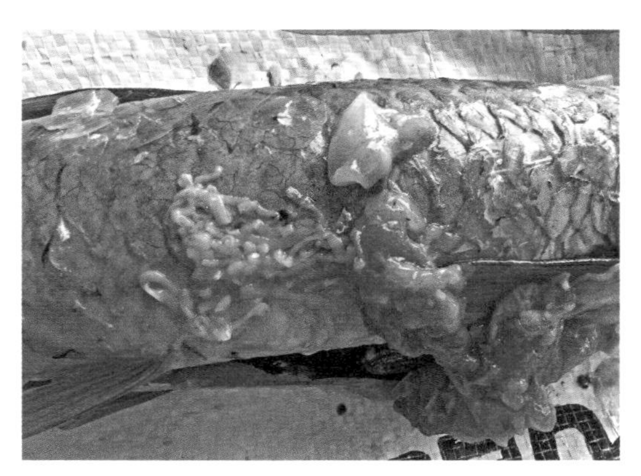

图 6-15　草鱼体内的绦虫过多，直接导致鱼体死亡

1）全年均可发生。

2）可以感染所有的鱼。

虫体寄生后不仅影响鱼体的生长和繁殖，严重时还能引起死亡。

在鱼苗放养前 10 天用适量生石灰彻底清塘，以杀灭剑水蚤及虫卵（剑水蚤为绦虫的中间寄主，鱼吞食被感染的剑水蚤而患病）和第一中间寄主。

1）用 90% 的晶体敌百虫全池泼洒，使水体中药物浓度达到 0.5 毫克 / 升，同时投喂 90% 的晶体敌百虫 50 克与面粉 1 克混合制成的药饵，喂药前停食 1 天，再投喂药饵 3 天，将虫体驱出肠道。

2）对已经患病的鱼应及时捞除，绦虫应进行深埋，以防止传播。

3）用 3% 的食盐水浸洗病鱼 15 分钟。

4）采用槟榔粉末、南瓜子粉末和饲料混合（配比为 1：2：10）喂鱼，连喂 1 周。

5）每万尾 9 厘米大的鱼种，用南瓜子 250 克研成粉，与 500 克米糠拌匀，连续投喂 3 天。

6）使君子 2.5 千克、葫芦金 5 千克，捣烂煮水成 5~10 千克汁液，将汁液拌入 7.5~9 千克米糠中，连喂 4 天，其中第 2~4 天药量减半，但米糠量不变，可防止病鱼死亡。

7）每 100 千克鱼用干草、大黄各 0.1 千克，鹤虱、雷丸、贯众、槟榔各 0.15 千克，粉碎后与面粉混合制成颗粒状饵料投喂。

八、鲢碘泡虫病（疯狂病）

由鲢碘泡虫寄生引起。

鲢碘泡虫在病鱼的各个器官中均可见到，主要寄生在脑、脊髓的淋巴液内，尾部（图 6-16）和头部（图 6-17）也常常寄生鲢碘泡虫，体内也

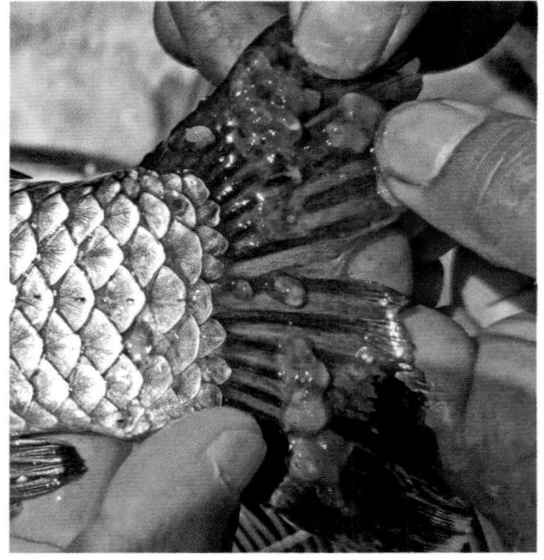

图 6-16　鲢碘泡虫寄生在鱼尾部

常见，例如，鱼的肝脏也会有鲢碘泡虫（图 6-18）。病鱼极度消瘦，体表暗淡，丧失光泽，尾巴上翘，在水中狂游乱窜，打圈或钻入水中又起跳，似疯狂状态，故称疯狂病。病鱼患病后期失去正常活动能力，难以摄食，最终死亡。

图 6-17　鲢碘泡虫寄生在鱼头部

图 6-18　鲢碘泡虫寄生在肝脏里

我国各地均有发生。

1）主要危害 1 龄以上的鱼。

2）严重时可引起鱼死亡。

1）在放养鱼苗鱼种之前，要对饲养环境进行彻底消毒。用生石灰彻底清塘，杀灭淤泥中的孢子，用量为 125 千克 / 亩。

2）加强对水体的消毒，以防随水进入的鲢碘泡虫感染鱼。

3）加强饲养管理，增加鱼体的抵抗力。

鱼种放养前，用 500 毫克 / 升的高锰酸钾浸洗鱼种 30 分钟，能杀灭 60%~70% 的孢子。

第七章

真菌性疾病的诊断与防治

一、打粉病（白衣病、卵甲藻病、卵鞭虫病）

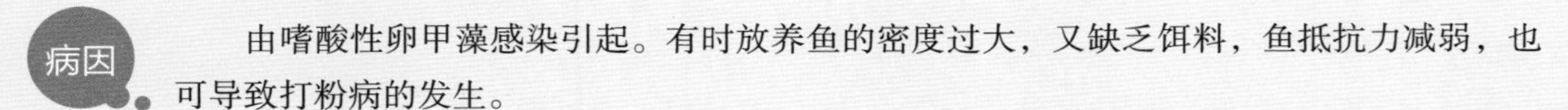

病因 由嗜酸性卵甲藻感染引起。有时放养鱼的密度过大，又缺乏饵料，鱼抵抗力减弱，也可导致打粉病的发生。

症状 发病初期，病鱼拥挤成团，或在水面形成环游不息的小团。体表黏液增多，背鳍、尾鳍及体表出现白点（图 7-1），白点逐渐蔓延至尾柄、头部和鳃内。严重时，白点相接重叠，全身好像穿了一层白衣（图 7-2）。病鱼早期食欲减退，呼吸加快，口不能闭合，有时喷水，精神呆滞，呼吸不畅，很少游动，最后鱼体逐渐消瘦，呼吸受阻，最终导致死亡。

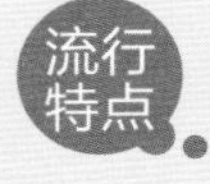

流行特点

1）春末至初秋，水温在 22~32℃时流行。

2）当饲养水质呈酸性，pH 为 5~6.5 时，适宜嗜酸性卵甲藻生长繁殖，易流行本病。

危害

1）主要危害 1 龄鱼。

2）可导致鱼死亡。

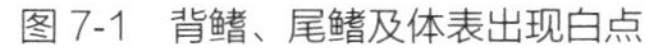

图 7-1　背鳍、尾鳍及体表出现白点

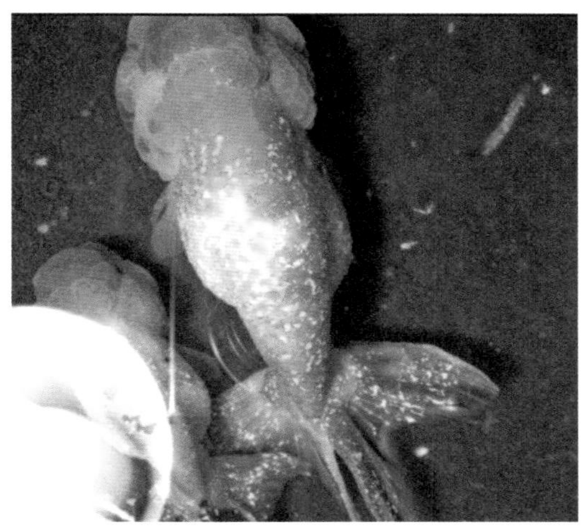

图 7-2　全身好像穿了一层白衣

1）饲养过程中保持适宜的放养密度，平日多投喂营养全面的配合饵料，增强鱼的抵抗力。

2）将病鱼转移到微碱性水质（pH 为 7.2~8.0）的环境中饲养。

1）用 5~20 毫克 / 升的生石灰全池泼洒，既能杀灭嗜酸性卵甲藻，又能把水体调节成微碱性。

2）用 10~25 毫克 / 升的碳酸氢钠（小苏打）全池泼洒。

二、水霉病（肤霉病、白毛病、卵丝病）

1）由水霉属、绵霉属的水霉菌感染引起。

2）因捕捉、搬运时操作不小心，擦伤皮肤，或因寄生虫破坏鳃和体表，或因水温过低冻伤皮肤，以致水霉菌的孢子侵入伤口而感染。

病鱼体表或鳍条上有灰白色如棉絮状的菌丝（图 7-3）。水霉病从鱼体的伤口侵入，开始寄生于鱼表皮，逐渐深入肌肉，吸取鱼体营养，大量繁殖，向外生出灰白色或青白色的菌丝（图 7-4），严重时菌丝厚而密，有时菌丝着生处有伤口充血或溃烂，最后衰竭死亡（图 7-5）。

图 7-3　体表有灰白色如棉絮状的菌丝

图 7-4　生出青白色的菌丝

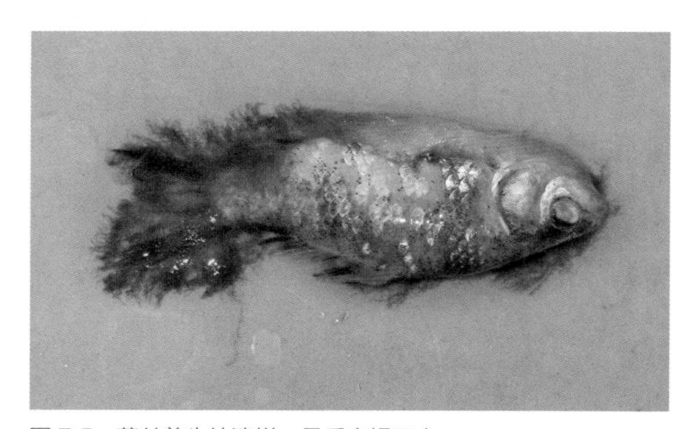

图 7-5　菌丝着生处溃烂，最后衰竭死亡

1）一年四季均可发生，尤其在早春、晚冬或阳光不足、梅雨季节更为多见。

2）是常见病、多发病，我国各地都有流行。

3）水霉菌在水温 15℃左右时生长最活跃。

1）鱼的伤口处感染水霉菌，导致伤口恶化，加速病鱼的死亡。

2）未受精的鱼和胚胎活力差的鱼卵也易感染。

1）加强饲养管理，避免鱼体受伤。

2）捕捞、运输时避免鱼体受伤。

3）控制合理的放养密度。

4）水质保持清洁，隔绝水霉菌的生长。

5）创造有利于鱼卵孵化的外界条件，用 60 毫克 / 升的亚甲基蓝浸洗鱼卵（连同鱼巢一起）10~15 分钟，可预防鱼卵感染水霉病。

6）严格执行检疫制度，防止将水霉菌带入饲养区。

1）用 0.1%~1% 的亚甲基蓝水溶液涂抹伤口和水霉菌着生处，或用 60 毫克 / 升的亚甲基蓝浸洗 3~5 分钟。

2）每立方米水体用五倍子 2 克煎汁，全池泼洒。

3）用 400~500 毫克 / 升的食盐水和 400~500 毫克 / 升的碳酸氢钠合剂全池泼洒。

4）每 10 千克鱼体重用维生素 E 0.6~0.9 克内服，连服 10~15 天。

5）在 100 千克水中溶解 0.3 克亚甲基蓝，浸洗鱼体 10~20 分钟，数日后可见菌丝脱落。

6）用 2 毫克 / 升的高锰酸钾加 5% 的食盐水浸洗鱼体 20~30 分钟，每天 1 次。

7）把病鱼放在 5 毫克 / 升的二氧化氯溶液中浸洗，直至痊愈。

8）将五倍子捣碎成粉状，加 10 倍左右的水，煮沸后再煮 2~3 分钟，连渣带汁全池泼洒。用量为每立方米水体用五倍子 1.3~2 克。

9）菊花 0.75 千克、金银花 0.75 千克、黄柏 1.5 千克、青木香 1.5 千克、苦参 2.5 千克，研制成细末，每亩水面水深 1 米用配制成的细末 0.5 千克，加水全池泼洒。另外，用食盐 1.5 千克，每 0.25 千克用布包成 1 包，吊挂于养鱼池四周水下 15~30 厘米处。

三、鳃霉病

由鳃霉菌感染引起。当水质恶化，特别是水中有机质含量较高时，容易暴发鳃霉病。

病鱼食欲减退，呼吸困难，游动迟缓，鳃丝上有出血（图 7-6）、缺血或瘀血的斑点，鳃丝黏液增多（图 7-7），出现花鳃样。严重的病鱼鳃呈青灰色，鳃丝受到腐蚀，导致鱼因为呼吸不畅而很快死亡（图 7-8）。

1）在我国的江苏、浙江、广东、广西、湖北、辽宁等地均有流行。

2）主要流行于天气炎热时期，5~10 月均流行，5~7 月是流行高峰期。

图 7-6　鳃丝上有出血斑点

图 7-7　鳃丝黏液增多

图 7-8　鳃丝受到腐蚀，导致鱼因为呼吸不畅而死亡

3）鳃霉菌在水温 28℃左右生长最活跃。

4）鳃霉菌通过孢子与鳃直接接触而感染。

1）主要危害青鱼、草鱼、鲮鱼、鳙鱼、银鲴和黄颡鱼等。

2）对鲮鱼苗危害最大。

3）发病几天后可引起鱼类大量死亡。

4）严重时发病率达 70%~80%，死亡率达 90% 以上。

1）严格执行检疫制度，防止将鳃霉菌带入饲养区。

2）鱼苗鱼种放养前清除池塘中过多的淤泥，用浓度为 40 毫克 / 升的漂白粉或浓度为 400 毫克 / 升的生石灰清塘消毒。

3）加强饲养管理，保持水质清洁。

4）掌握科学的投饲量和施肥量，有机肥必须经发酵后才能放进池塘中。

1）在疾病流行季节，定期更换新水。

2）用 30 毫克 / 升的生石灰全池泼洒，5 天后再洒 1 次。

3）用 2 毫克 / 升的漂白粉全池泼洒，5 天后再洒 1 次。

4）将五倍子捣碎成粉状，加 10 倍左右的水，煮沸后再煮 2~3 分钟，连渣带汁全池泼洒。用量为每立方米水体用五倍子 2~5 克。

第八章

蠕虫性疾病的诊断与防治

一、指环虫病

病因　由指环虫（图 8-1）寄生引起。

症状　指环虫寄生在鱼鳃，随着虫体增多，鳃丝受到破坏，患病后期鱼鳃明显肿胀，鳃盖张开难以闭合，鳃丝灰暗，呈苍白色（图 8-2），有时在鱼体的鳍条和体表也能发现有虫体寄

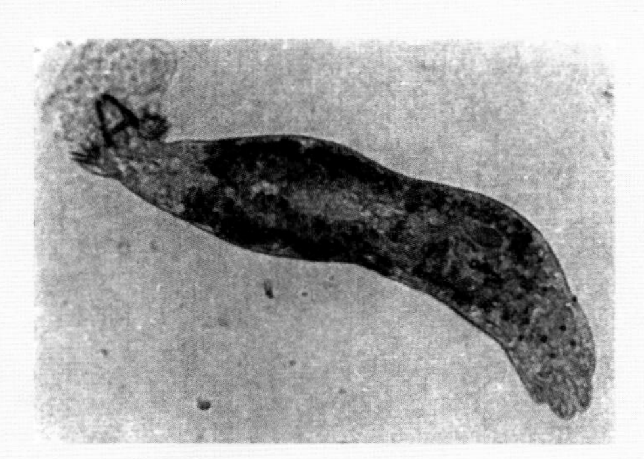

图 8-1　指环虫

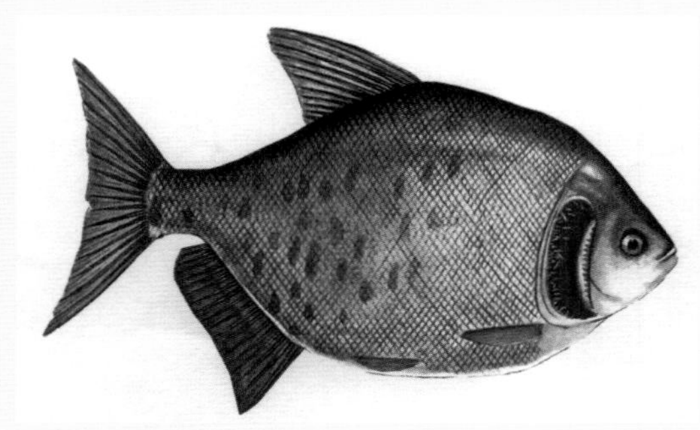

图 8-2　鳃丝灰暗，呈苍白色

生。病鱼不安，呼吸困难，有时侧游，在水草丛中或池边摩擦，企图摆脱指环虫的侵扰。患病后期游动缓慢，食欲不振，鱼体贫血、消瘦。

1）指环虫生长适宜水温为20~25℃，多在初夏和秋末流行。

2）主要通过虫卵及幼虫传播。

主要危害鱼苗、鱼种。

1）每亩水面水深1米用生石灰60千克，带水清塘。

2）鱼种放养时，用1毫克/升的晶体敌百虫浸洗20~30分钟。

1）用0.5~1毫克/升的晶体敌百虫全池泼洒。

2）用20毫克/升的高锰酸钾，在水温10~20℃时浸洗20~30分钟，在水温20~25℃时浸洗15分钟，水温25℃以上时浸洗10~15分钟。

3）用90%的晶体敌百虫溶液泼洒，使水体中的药物浓度达到0.2~0.4毫克/升。

二、三代虫病

由秀丽三代虫、鲢三代虫寄生于鱼的体表、鳍和鳃引起（图8-3）。

主要寄生部位为鱼的体表、鳍（图8-4）和鳃。少量寄生时，鱼体没有明显的症状，显示不安的游泳状，鱼体的局部黏液增多，呼吸困难，体表暗淡。随着寄生数量的增加，体表有一层灰白色的黏液膜，极度消瘦，初期极度不安，有时狂游于水中，继而食欲减

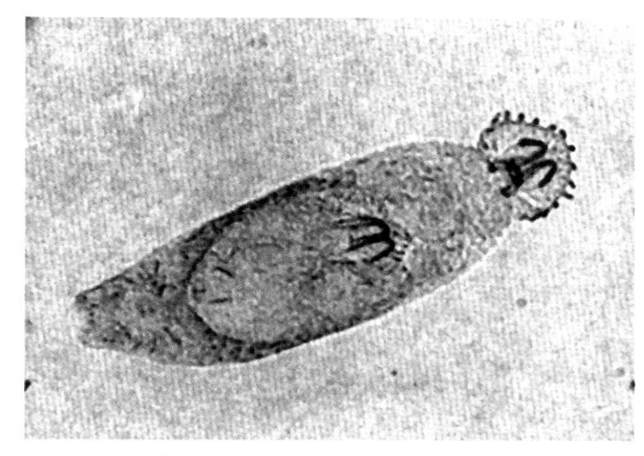

图8-3　三代虫

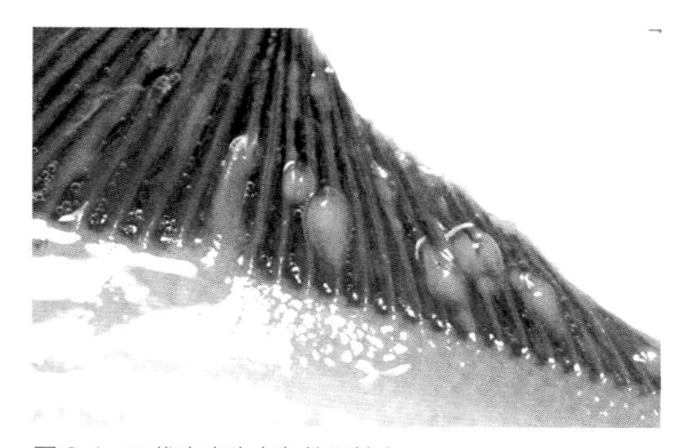

图8-4　三代虫寄生在鱼的尾鳍上

退，游动缓慢，终至死亡。

1）我国各地都有发生。

2）终年均可发生，但以每年 4~10 月更为多见。

对鱼苗、鱼种危害较大，严重时能引起鱼死亡。

1）每亩水面水深 1 米用生石灰 60 千克，带水清塘。

2）鱼种放养时，用 1 毫克 / 升的晶体敌百虫浸洗 20~30 分钟。

1）在水温 10~20℃的条件下，用 20 毫克 / 升的高锰酸钾水溶液浸洗病鱼 10~20 分钟。

2）先用 0.7 毫克 / 升的晶体敌百虫水溶液浸洗病鱼 15~20 分钟，再用清水洗去鱼体上的药液，放回池中精心饲养。

3）用 0.2~0.4 毫克 / 升的晶体敌百虫溶液全池泼洒。

三、毛细线虫病

由毛细线虫（图 8-5）寄生引起。

毛细线虫以头部钻入寄主肠壁黏膜层，破坏组织，引起肠壁发炎（图 8-6）。全长为 1.6~2.6 厘米的鱼种，如果有 5~8 条毛细线虫成虫寄生，生长可能受到一定的影响；若有

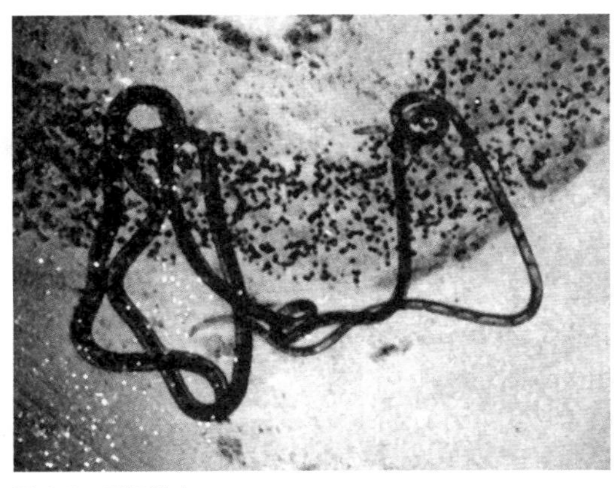
图 8-5　毛细线虫

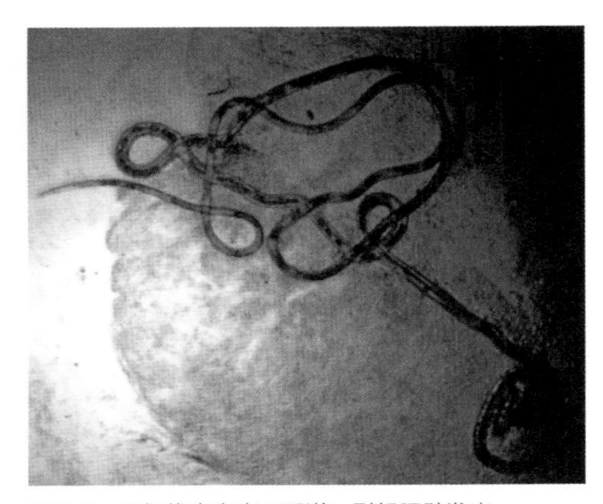
图 8-6　毛细线虫寄生于肠道，引起肠壁发炎

30~50 条虫体寄生时，病鱼就会离群分散于池边，极度消瘦，随后死亡。而全长为 7~10 厘米的鱼种，如果有 20~30 条毛细线虫寄生时，外表难以观察到明显症状。

一年四季均可以发生。

主要危害 1 龄鱼。

1）每亩水面水深 1 米用生石灰 60 千克，带水清塘。

2）鱼种放养时，用 1 毫克 / 升的晶体敌百虫浸洗 20~30 分钟。

治疗方法

1）按每千克鱼体重用 90% 的晶体敌百虫 2~3 克拌料投喂，连喂 6 天为 1 个疗程。

2）用中草药 580 克（贯众、土荆介、苏梗和苦楝树皮按 16：5：3：5 的比例配制）煎汁拌料投喂 100 千克鱼，连喂 6 天为 1 个疗程。

3）每亩水面水深 1 米，用苦楝树枝叶 30 千克，煮水全池泼洒。

4）每亩水面水深 1 米，用枫杨树叶 30 千克，煮水全池泼洒。

5）每立方米水体用 3 千克桉树叶煮汁，浸洗鱼苗 30 分钟。

6）使用中药合剂（贯众、土荆芥、苏梗、苦楝树皮按 16：5：3：5 的比例配制），每 10 千克鱼用药 58 克，加入总药量 3 倍的水，煎至原水量的 1/3 时，倒出药汁，原药再重煎一次，将先后两次煎出的药汁混合，拌入豆饼内喂鱼，连用 6 天。

7）每 50 千克鱼用贯众 160 克、荆芥 50 克、苏梗 30 克、苦楝树根皮 50 克，加入相当药量 2 倍的水煎至原水量的一半，倒出药汁，原药再重煎 1 次，将先后两次煎出的药汁拌料，制成药饵投喂，连用 6 天。

四、嗜子宫线虫病（红线虫病）

由嗜子宫线虫（图 8-7）寄生引起，主要寄生在鱼鳍、鳞片内。

只有少数嗜子宫线虫寄生时，鱼没有明显的患病症状。虫体如果寄生在鳍条中（图 8-8~ 图 8-10），会造成鳍条腐烂；如果寄生在鳞片里，会导致鳞片隆起，鳞下盘曲有红色线虫，鳍条充血，鳍条基部发炎。虫体破裂后，可以导致鳍条破裂，往往引起细菌病、水霉病继发感染。

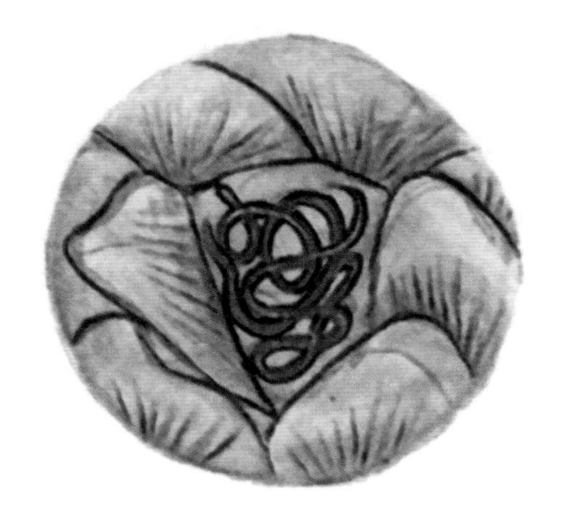

图 8-7　嗜子宫线虫

图 8-8　嗜子宫线虫寄生在尾鳍 1

图 8-9　嗜子宫线虫寄生在尾鳍 2

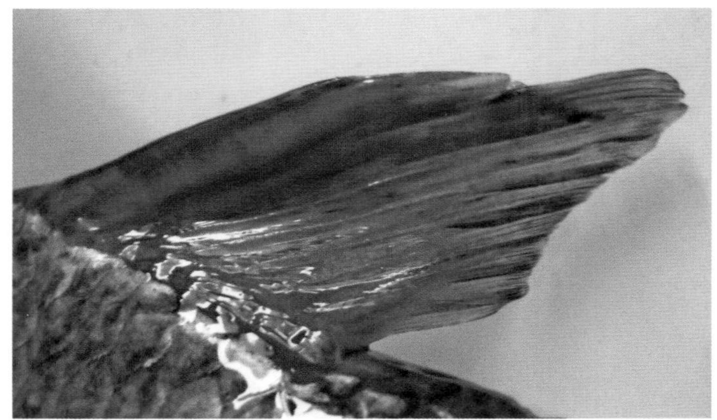

图 8-10　嗜子宫线虫寄生在胸鳍

1）春、秋季是本病的流行季节。

2）华东、华中地区发病率较高。

3）嗜子宫线虫病需要剑水蚤做中间寄主。

4）常常并发感染细菌性烂鳃病、白头白嘴病、竖鳞病、水霉病等。

1）一般不会直接导致鱼死亡。

2）主要危害温水性鱼类。

用 0.4~0.6 毫克 / 升的晶体敌百虫全池泼洒，杀死水体中的中间宿主剑水蚤类，5 月下旬及 6 月上旬各泼洒一次。

1）用细针仔细挑破鳍条或挑起鳞片，将虫体挑出，然后用 1% 的二氯异氰脲酸钠溶液涂抹伤口或病灶处，每天 1 次，连用 3 天。

2）用三氯异氰脲酸全池泼洒，水温 25℃以上时，使水体中的药物浓度达到 0.1 毫克 / 升，水温 20℃以下时，使水体中药物浓度达到 0.2 毫克 / 升，可促使鱼体伤口愈合。

3）用二氧化氯全池泼洒，使水体中的药物浓度达到 0.3 毫克 / 升，可以预防继发性的细菌性疾病的发生。

4）用 2% 的食盐水溶液将病鱼浸洗 10~20 分钟。

5）将大蒜头去皮捣碎后加 5 倍水配成汁液，擦拭病鱼患部。

五、原生动物性烂鳃病

由指环虫、口丝虫、斜管虫、三代虫等原生动物寄生导致鱼鳃部糜烂（图 8-11）。

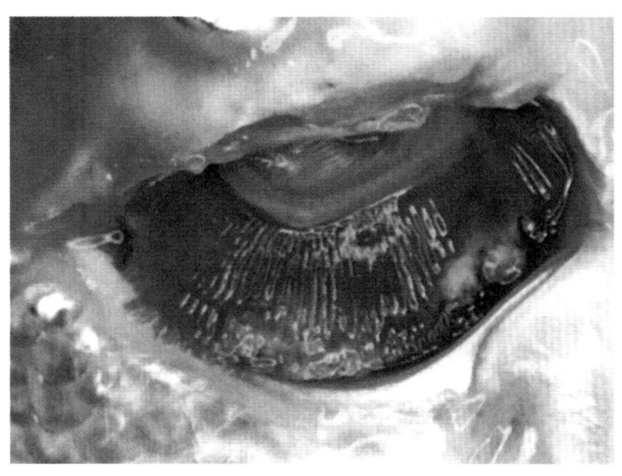

图 8-11　指环虫、口丝虫、斜管虫、三代虫等寄生导致鱼鳃部糜烂

症状

病鱼鳃部明显红肿，鳃盖张开（图 8-12），鳃失血，鳃丝发白（图 8-13）、黏液增多；游动缓慢，鱼体消瘦，体色暗淡；呼吸困难，常浮于水面，严重时停止进食，最终因呼吸受阻而死亡。

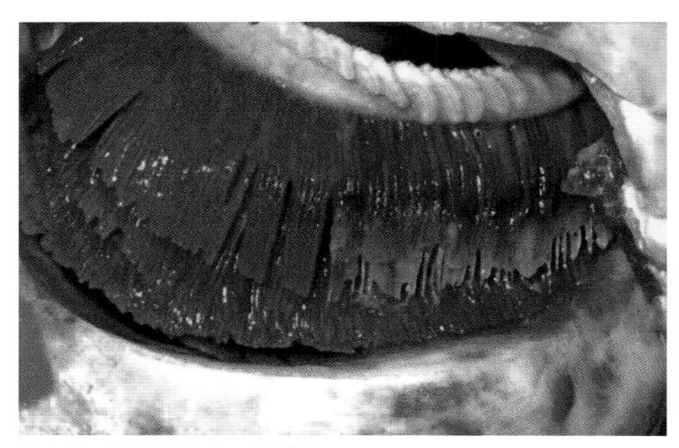

图 8-12　鳃部明显红肿，鳃盖张开

图 8-13　鳃丝发白

1）我国各地均有流行。

2）是鱼常见病、多发病。

能使 1 龄鱼大量死亡。

1）用食盐水、二氧化氯或三氯异氰脲酸浸洗。

2）用漂白粉或二氯异氰脲酸钠全池泼洒。

3）投喂饵料后用漂白粉（含有效氯 25%~30%）挂篓预防。

1）用 20 毫克 / 升的依沙吖啶浸洗，水温为 5~10℃时，浸洗 15~30 分钟；水温为 21~32℃时，浸洗 10~15 分钟，用于早期的治疗。

2）用依沙吖啶 0.8~1.5 毫克 / 升的依沙吖啶全池泼洒。

3）用晶体敌百虫 0.1~0.2 克溶于 10 千克水中，浸洗病鱼 5~10 分钟。

4）第 1 天用甲砜霉素 2 克拌饵投喂，第 2~6 天用药各 1 克，连续投喂 6 天为 1 个疗程。

5）用 90% 的晶体敌百虫加水全池泼洒，使水体中药物浓度达到 0.3~0.5 毫克 / 升。

第九章

甲壳动物性疾病的诊断与防治

一、中华鳋病（翘尾巴病）

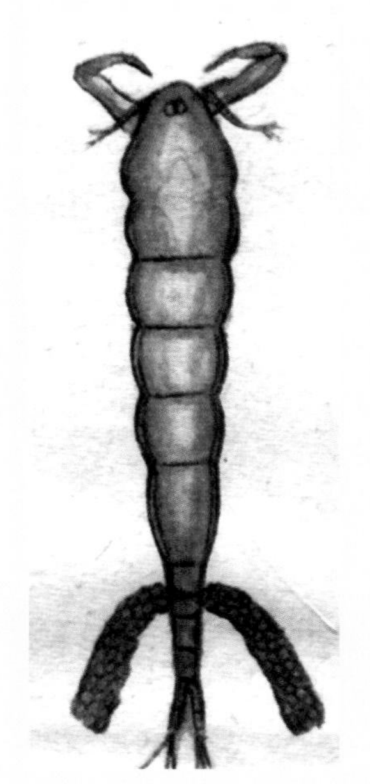

图 9-1 中华鳋

病因

由中华鳋（图 9-1）寄生引起。

中华鳋主要寄生于鱼的鳃上（图 9-2、图 9-3），少量虫体寄生时一般无明显症状，大量虫体寄生时，则可能导致病鱼呼吸困难，焦躁不安，在水表层打转或狂游，尾鳍上叶常露出水面，最后因消瘦、窒息而死。病鱼鳃上黏液很多，鳃丝末端膨大成棒状，苍白而无血色，膨大处上面则有瘀血或出血点。

1）我国各地均有发生。

2）每年 4~11 月是中华鳋的繁殖时期，5~9 月上旬为流行盛期。

主要危害小规格鱼，严重时可引起病鱼死亡。

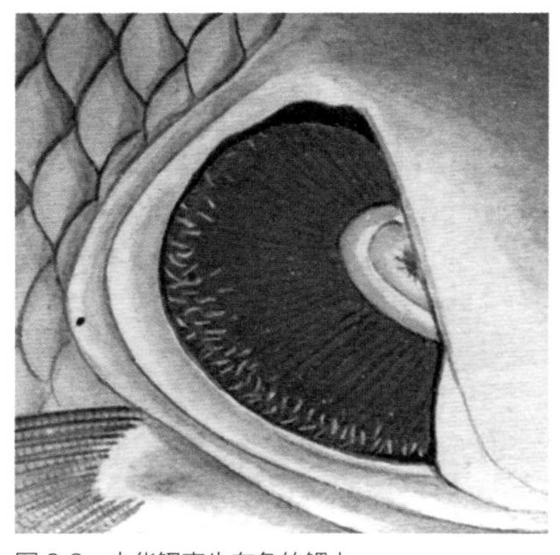

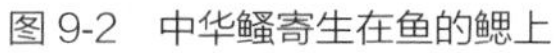
图 9-2　中华鳋寄生在鱼的鳃上

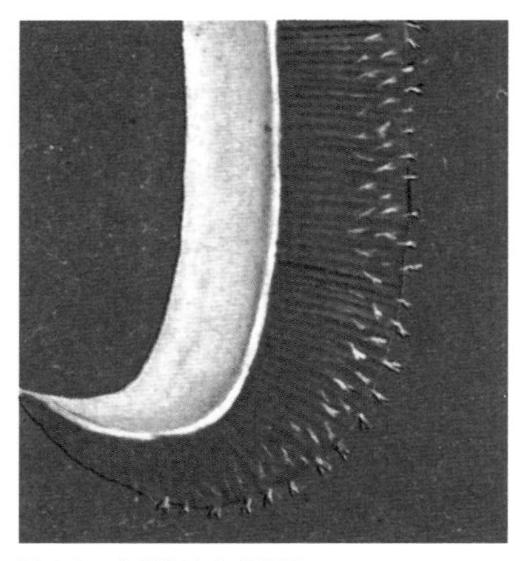

图 9-3　中华鳋寄生的鳃片

根据中华鳋对寄主具有选择性的特点，可采用发病饲养池轮养不同种类鱼的方法进行预防。例如，鲢鱼、鳙鱼的鳃上寄生的是鲢中华鳋；草鱼和青鱼的鳃上寄生的是大中华鳋；而鲤鱼和鲫鱼的鳃上则被鲤中华鳋寄生。因此在鲢鱼鳙鱼发病时，可将它们轮养到饲养青鱼、草鱼的池塘里。

1）用 90% 的晶体敌百虫泼洒，使水体中的药物浓度达到 0.2~0.3 毫克 / 升，每间隔 5 天用药 1 次，连续用药 3 次为 1 个疗程。

2）用硫酸铜和硫酸亚铁合剂（两者比例为 5：2）全池泼洒，使水体中的药物浓度达到 0.7 毫克 / 升。

3）用 2.5% 的溴氰菊酯全池泼洒，使水体中的药物浓度达到 0.02~0.03 毫克 / 升。

二、锚头鳋病（针虫病、锚头虫病、蓑衣病）

由锚头鳋（图 9-4）寄生引起。

发病初期病鱼呈现急躁不安，食欲不振等症状，继而鱼体逐渐瘦弱，仔细检查鱼体可见一根根针状虫体插入肌肉组织（图 9-5），虫体四周发炎红肿（图 9-6），有因溢血而出现的红斑，继而鱼体组织坏死，严重时可造成病鱼死亡。当寄生的虫体数量较多时，鱼体上像披蓑衣一样（图 9-7）。

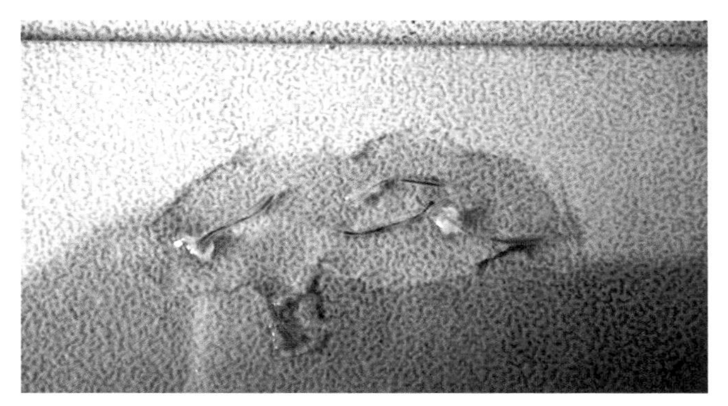

图 9-4　锚头鳋

图 9-5　草鱼体表上寄生的锚头鳋，像针一样插入肌肉组织

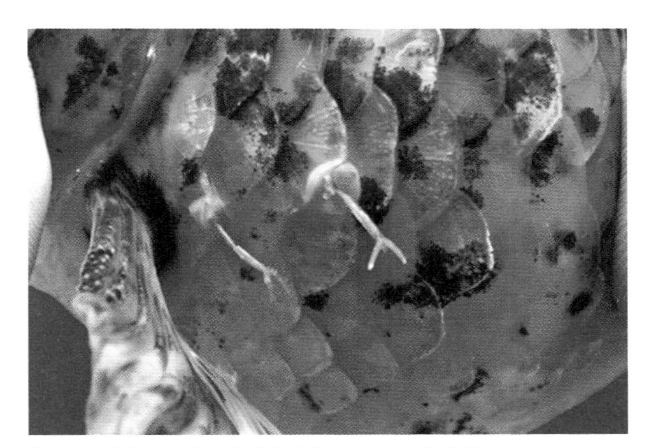

图 9-6　金鱼体表上寄生的锚头鳋，虫体四周发炎红肿

图 9-7　鲫鱼体表上寄生的锚头鳋，数量多时就像披蓑衣一样

每年 4~9 月为本病的流行时期。

1）对鱼的危害较大，尤其是幼鱼。

2）只要有 2~4 个虫体寄生于同一尾鱼上，就可能引起鱼体死亡。

3）影响鱼类摄食，造成鱼体瘦弱或极度消瘦，甚至死亡。

1）彻底清塘消毒。

2）定期用漂白粉，或二氧化氯或三氯异氰脲酸全池泼洒。

3）每亩用 20 千克马尾松枝，扎成多束放入塘中，可预防本病。

1）鱼体上有少量虫体时，可立即用剪刀将虫体剪断，用紫药水涂抹伤口，再用二氧化氯溶液泼洒，以控制从伤口处感染致病菌。

2）用 1% 的高锰酸钾水溶液涂抹虫体和伤口，30~40 秒后放入水中，第二天再涂药 1 次，同样用三氯异氰脲酸溶液泼洒，使水体中的药物浓度呈 1~1.5 毫克 / 升，水温为 25~30℃时，每天 1 次，连续 3 次。

3）用 2.5% 的溴氰菊酯全池泼洒，使水体中的药物浓度达到 0.02~0.03 毫克 / 升。

4）用 90% 的晶体敌百虫全池泼洒，使水体中的药物浓度达到 0.2~0.3 毫克 / 升。

5）用 0.5 毫克 / 升的敌百虫或特美灵溶液全池泼洒，要连续用药 2~3 次，每次间隔 5~7 天，可彻底地杀灭幼虫和虫卵。

6）用 2% 的氯化钠溶液与 3% 的碳酸氢钠溶液混合，病鱼每天浸洗 2 次，每次 10 分钟。

7）每 40 千克水中加 0.5 克土霉素浸洗病鱼。

8）每亩用苦楝树根 6 千克、桑叶 10 千克、麻饼或豆饼 11 千克、菖蒲 22.5 千克，研末混合，全池泼洒。

9）用雷丸与石榴皮各 100 克，加水 10 千克，煎 4~5 小时至药液仅剩 2.5 千克左右，倒出再用水稀释到原来水量，浸洗病鱼 20~30 分钟，然后将鱼放回塘中，3~4 天虫子会全部脱落。

三、鲺病

由鱼鲺寄生引起。

鱼鲺同锚头鳋一样寄生于鱼体，肉眼可见，常寄生于鱼鳍上（尤其是尾鳍等部位）（图 9-8），有时也寄生于鱼的体表（图 9-9）。鱼鲺在鱼体爬行叮咬，使鱼急躁不安而急游或擦壁，或跃于水面，或出现急剧狂游，百般挣扎、翻滚等现象。鱼鲺寄生于体表一侧，可使鱼失去平衡。病鱼食欲大减，逐渐瘦弱，伤口容易感染引起发炎，皮肤溃烂。

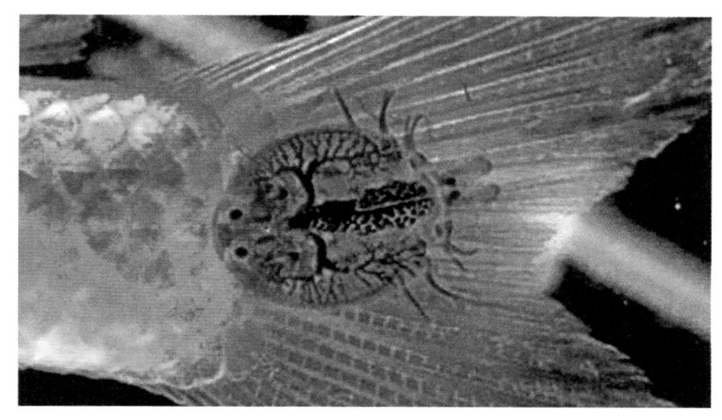
图 9-8　鱼鲺寄生在鱼的尾鳍上

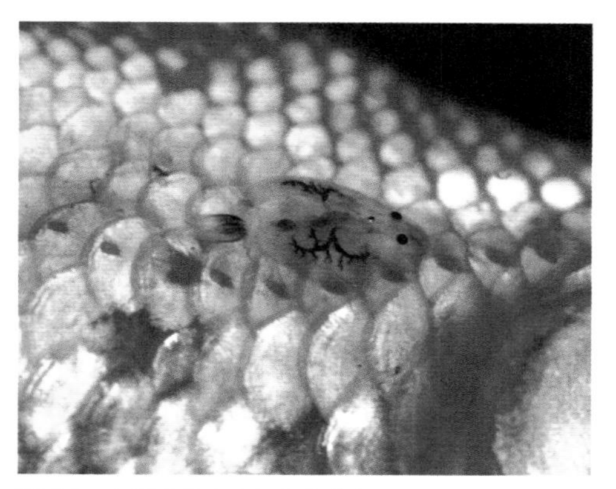
图 9-9　鱼鲺寄生在金鱼的体表上

流行特点

1）我国各地均有发生。

2）一年四季都可流行，因鱼鲺在水温 16~30℃皆可产卵，在江浙一带 5~10 月为流行盛期，北方在 6~8 月流行。

危害

1）鱼鲺以尖锐的口刺刺伤鱼的皮肤，吸食鱼血液与体液，造成机械性创伤，使鱼体逐渐消瘦。

2）鱼鲺能随时离开鱼体在水中游动，任意从一个寄主转移到另一寄主上，也可随水流、工具等传播。

3）严重时可导致鱼死亡。

预防措施

1）把鱼临时放入稍冷的水中，鱼鲺受惊离开鱼体，而后换水养鱼。

2）病鱼的原池要刷洗干净，用石灰或高锰酸钾消毒后换上新水。

3）病鱼经过药水浸洗后，仍可放回换过水的池中，并投入新鲜饵料以恢复体质。

治疗方法

1）如果是少数鱼鲺寄生时，可用镊子取下，这种方法见效最快，但是极易给鱼造成伤害，一定要小心操作。

2）把鱼放入 1.0%~1.5% 的食盐水中，经过 2~3 天，即可驱除寄生虫。

3）用高锰酸钾或敌百虫（每立方米水体加入 90% 的晶体敌百虫溶液 0.7 克）清洗。

4）把鱼放入 3% 的氯化钠溶液中浸洗 15~20 分钟，使鱼鲺从鱼体上脱落。

5）先用浓度为 1% 的高锰酸钾水溶液浸洗鱼体，再用二氧化氯溶液全池泼洒，使水体中的药物浓度达到 0.3 毫克 / 升。

四、钩介幼虫病

病因　由钩介幼虫寄生引起。

症状　钩介幼虫用足丝黏附在鱼体上，用壳钩钩在鱼的嘴、鳃（图 9-10）、鳍及皮肤上，鱼体因此而受到刺激，引起周围组织发炎、增生，逐渐将幼虫包在里面，形成包囊。较大的鱼体一般有几十个钩介幼虫寄生在鳃丝或背鳍上（图 9-11），一般危害不大，但是对于鱼苗或全长在 3 厘米以下的鱼种，则可能产生较大的影响，特别是寄生在嘴角、口唇或口腔部位，就可能使鱼苗不能摄食而饿死；如果寄生在鳃上，可能因妨碍呼吸，使鱼种窒息而死。有时可使病鱼头部出现红头白嘴现象。

图 9-10　钩介幼虫用壳钩钩在鱼鳃上

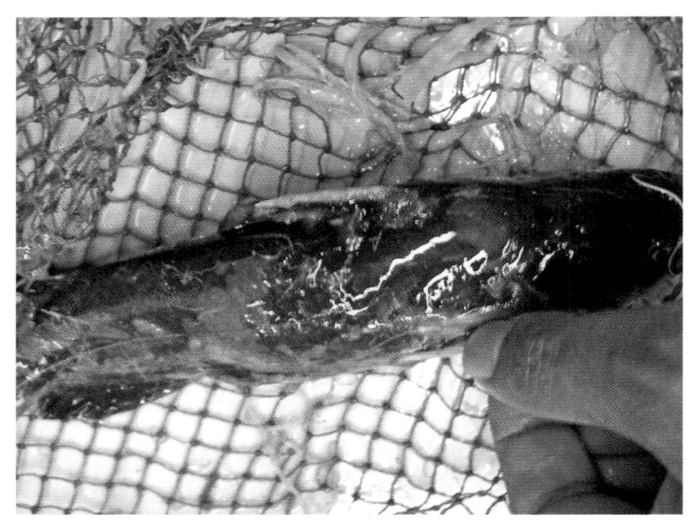

图 9-11　钩介幼虫寄生在黄颡鱼的背鳍处

流行于春末夏初，每年鱼苗和鱼种饲养期间，也是钩介幼虫（钩介幼虫是河蚌的幼体）离开母蚌（图 9-12），悬浮于水中的时候，因此在此时常出现钩介幼虫病。

图 9-12　钩介幼虫离开母蚌

钩介幼虫对各种鱼都能寄住，但主要危害无鳞鱼及生活在较下层水体的鲤科鱼类。

1）用生石灰彻底清塘，杀灭蚌类。

2）鱼苗及鱼种培育池内不能混养蚌，进水前必须经过过滤，以免钩介幼虫随水带入饲养池。

发病早期，将病鱼移至没有蚌及钩介幼虫的饲养池中，可防止病情进一步恶化，而逐渐好转。

第十章

非寄生性疾病的诊断与防治

一、感冒和冻伤

水温骤变，温差达到 3℃以上，鱼突然遭到不能忍受的刺激而发病。

鱼停于水底不动，严重时浮于水面，皮肤和鳍失去原有光泽，颜色暗淡，体表出现一层灰白色的翳状物，鳍条间粘连，不能舒展。病鱼精神委顿，食欲下降，逐渐瘦弱，以致死亡。

1）在春、秋季温度多变时易发病。

2）夏季雨后易发病。

1）幼鱼易发病。

2）当水温温差较大时，几小时至几天内鱼体就会死亡。

3）当长期处于其生活适宜温度范围下限时，会引起鱼发生继发性低温昏迷；长期处于低温时，还可导致鱼被冻死。

1）防止换水时温度的变化过大，冬季注意温度的变化，可有效预防本病，一般新水和老水之间的温度差应控制在2℃以内，换水时宜少量多次地逐步加入。

2）对不耐低温的鱼类应该在冬季到来之前移入温室内或采取加温饲养方式。

适当提高温度，用小苏打或1%的氯化钠浸洗病鱼，可使其渐渐恢复健康。

二、浮头和泛池（缺氧）

由于养殖密度过大、投饵施肥较多、长期未换水或气候变化等多种原因引起，另外鱼类和浮游生物、底栖动物、好氧性细菌等呼吸都需要氧气，同时它们排泄的粪便、未吃完的残饵和其他有机物质的分解过程中也要消耗大量的氧气，这样就容易造成水中溶解氧量不足。

还有一种原因是水质恶化，或施用了大量未经发酵的有机肥，或池底淤泥太多，水质过肥，或因夏季水温较高，遇到暴雨和降温，使表层水温急剧下降，温度低的水比重较大会下沉，而下层水因温度高、比重小而上浮，形成上下水层的急速对流。上层溶解氧量高的水下沉后即被下层水中的有机物消耗，下层溶解氧量低的水升到上层后，溶解氧得不到及时的补充，使整个水体上下层的溶解氧量都大量减少，这样就会引起鱼类缺氧浮头现象。

症状

鱼被迫浮于水面，头朝上努力用嘴伸出水面吞咽空气，这种现象叫浮头。水体中缺氧不严重时，鱼遇见惊动立即潜入水中；若水质恶化，导致缺氧严重时，鱼体浮在水面（图10-1），受惊也不会下沉。当水中溶解氧量降至不能满足鱼的最低生理需要量时，就会造成泛池，鱼和其他水生动物就会因窒息而死。经常浮头的鱼会产生下颚皮肤突出等畸形症状。泛池将会给渔业生产造成毁灭性的损失，所以日常管理中应防止

图10-1　鱼体浮在水面

浮头和泛池的发生。

1）夏季易发生，尤其是阴雨天的早晨更容易发生。

2）浮头、泛池多发生在鱼密养条件下。

1）饲养水体长期或经常处于溶解氧量不足状态，鱼即使不死亡，也会影响其生长发育。

2）如果长期管理不善，因浮头而死亡所造成的损失，往往较其他鱼病的损失更大。

1）定期换水，清除残饵。

2）饲养中严格控制鱼的放养密度。

3）开动增氧机进行合理的机械增氧（图 10-2），缓解浮头现象。

图 10-2　机械增氧

4）加强预测和观察。预测鱼浮头的方法有很多，一般日常管理时加强巡塘即能及时发现，避免损失。

①根据季节预测：一般在 4~5 月，水质转肥后容易发生浮头；夏季水温较高、冬季连续晴天突遇寒潮降温时也易发生浮头。

②根据气候情况预测：天气闷热、大气压力低时容易发生浮头；阴雨天或雷阵雨时、无风或天气突然转阴时也易发生浮头。

③根据水的颜色预测：水体颜色变混浊，透明度小，水面出现气泡和泡沫，水温较高，水体中大量的有机物分解，产生有毒气体，或者水体中的浮游生物大量死亡腐烂，在这些情况下最容易引起鱼类的严重浮头甚至泛池。

④根据鱼的吃食情况和活动情况预测：如果鱼的吃食量突然减少，又无疾病，就可能是水质已开始恶化，水中缺氧，鱼类将发生浮头；如果鱼类集群在水体上层活动，又没有一定的游动规律，表现为散乱缓慢地游动，这表明水体的深层已发生缺氧，鱼类出现了“暗浮头”现象。巡塘工作中，还应加强夜间的观察。如果有鱼受惊跳动，或池边有小鱼、小虾游动，表明水的溶解氧量不足，鱼类可能发生了“轻浮头”现象。

5）及时清除淤泥。每年春天清塘时应清除池底过多的淤泥，只保留 10~20 厘米（图 10-3）。

图 10-3　清除池底过多的淤泥

6）科学放养和施肥。在鱼种放养时，要做到合理密养，特别是实行轮捕轮放的池塘，一定要放部分大规格鱼种，使它们在盛夏来临前就达到商品鱼规格出售，减少池塘的负荷。日常管理中应做到科学施肥投饵，及时清除残草、剩渣，定期搅动底泥，使底泥中的有害气体及时排除。

7）定期施用生石灰、改良水质条件。在浮游动物过多时，可以按每立方米水体使用 0.4 克的晶体敌百虫将其杀死，减少氧的消耗。同时追施化肥，增养浮游植物，增加氧的生产量。

1）遇到天气闷热，温度发生突然变化时，应减少投饵量，并适时加注新水或开动增氧机，利用增氧机对池水进行快速增氧，这是解救鱼类浮头的有效措施。

2）池鱼发生浮头时要马上采取积极有效的增氧措施。如果有多个饲养池的鱼出现浮头，要先判断每个饲养池浮头的严重程度，首先解救浮头较严重的池塘，然后再解救浮头较轻的池塘。从发生浮头到严重浮头的间隔时间与当时的水温有密切的关系。水温越高，间隔的时间越短；水温越低，间隔的时间越长。一旦观察到池鱼已有轻微浮头时，应利用这段时间尽快采取增氧措施，如用水泵抽水，使相邻两个鱼池的水形成对流循环，将水从一个饲养池抽入另一个饲养池中，同时在池埂上开一个小缺口，当相邻鱼池的水位升高后会流回原池中。这种循环活水的增氧方式操作方便，效果也不错。

3）经常注入部分新水，排除部分原池水，这种方法最为有效。

4）如果水源不方便，又无增氧设施，可施加过氧化钙、过氧化氢（双氧水）、急救氧等化学增氧剂进行增氧（图 10-4）。如果没有化学增氧剂，可向池水中泼洒黄泥食盐水：每亩池塘用黄泥 10 千克，加水调成泥浆，再加适量食盐，拌匀后全池泼洒。这种方法也有一定的效果。

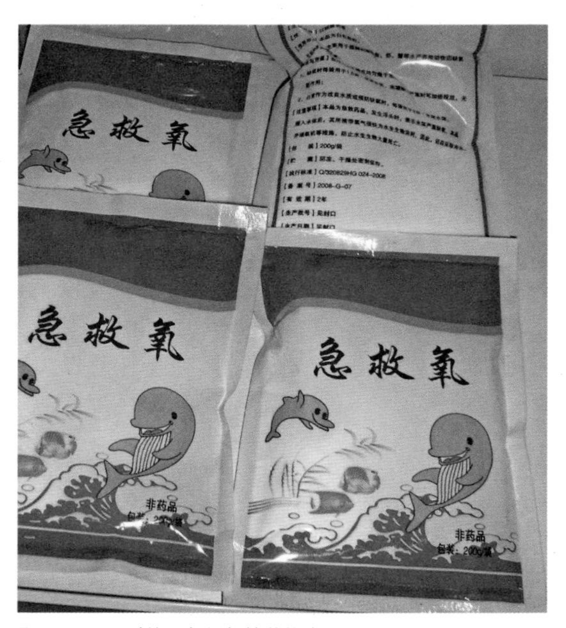

图 10-4　及时使用急救氧等药物来解救

三、气泡病（烫尾病）

病因

由于水中溶解氧或氮气过饱和引起。

症状

病鱼体表、鳍条（尤其是尾鳍）、鳃丝、肠内出现许多大小不同的气泡，身体失衡，呈尾上头下姿势浮于水面，无力游动，无法摄食。鱼体表出现气泡（图 10-5），如果不及时处理，病鱼体上的微小气泡能串连成大气泡而难以治疗，有的鱼鳔上也会发生气泡病（图 10-6）。在鱼的尾鳍鳍条上有许多斑斑点点的气泡，呈小米粒大小，严重时尾鳍上既有气泡，还有血丝样的红线（图 10-7）。如果鱼体再有外伤，伤口会红肿、溃烂、感染其他疾病。有时胸鳍和背鳍也布满气泡，管理不当，也会造成病鱼死亡。

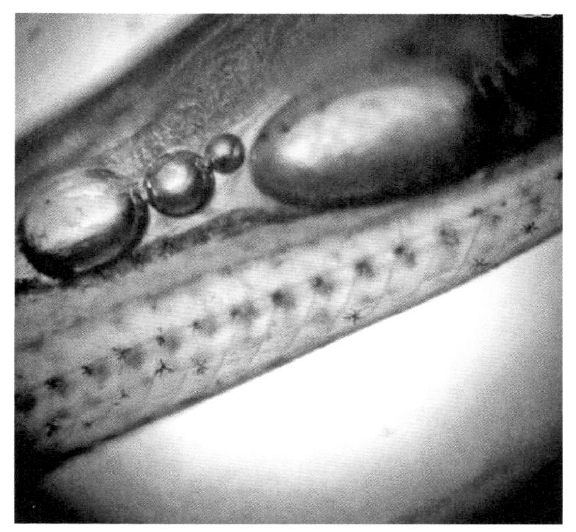

图 10-5　草鱼体表上的气泡

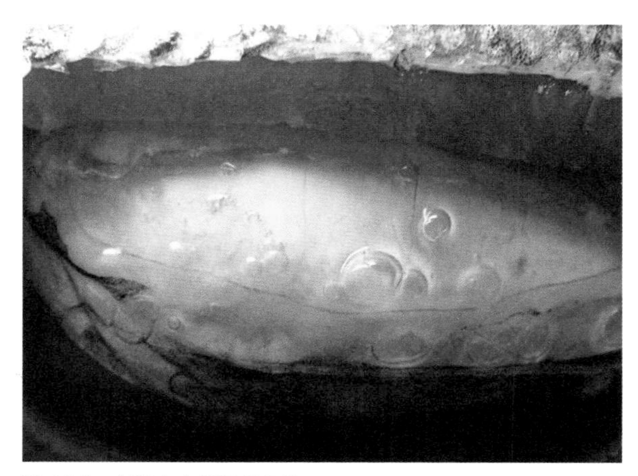

图 10-6　鱼鳔上有明显的气泡

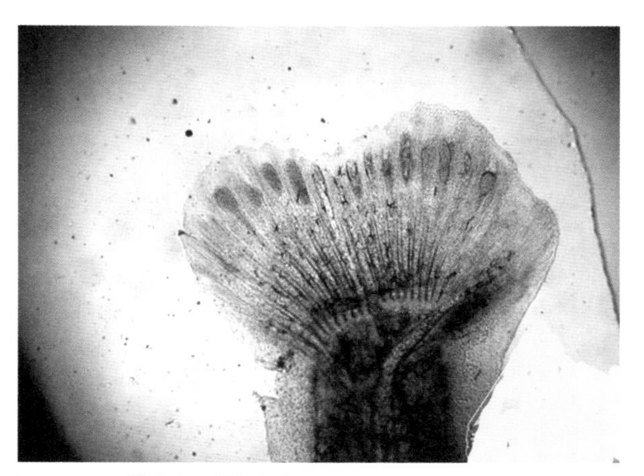

图 10-7　尾鳍有血丝样的红线

1）多发于春末和夏季的高温时期。

2）在夏季，持续高温，鱼池水温增高，水质过肥，池水变成绿色，浮游植物或青苔或藻类过多，光合作用过于旺盛，大量释放氧气，导致水中溶解氧过度饱和，大量氧气形成微型气泡。

1）鱼尾烫过 2~3 次之后，大尾鳍就变成小尾鳍，甚至秃尾。

2）鱼苗发生气泡病时，在短时间内可导致大批死亡。

1）注意水源，不用含气泡的水，池水用前须经过充分曝气。

2）池中腐殖质不应过多，不用未经发酵的肥料。

3）严格控制投饵量和施肥量，注意水质，不使浮游植物过多。

4）保持水质新鲜，可有效预防本病。

1）发病时立即注入部分新水，排除部分原池水，或将鱼移入新水中静养 1 天左右，病鱼体上的微小气泡可以消失。

2）患有外伤，可在伤口涂抹甲紫溶液，并在消毒池中浸洗 5~6 分钟，2~3 天就能恢复原状。

3）每亩用乌桕叶 3.5 千克、野山楂 1.2 千克、黄荆 1.2 千克、艾叶 0.6 千克，煎汁加入 1.2 千克打烂的大蒜，拌细糠混合大粪喂鱼。

4）每亩用艾叶、牡荆各 1 千克，煎汁，加食盐 1 千克，全池泼洒，连用 2 次。

5）如果已经发生气泡病，可迅速冲注新水，然后按每亩水面水深 0.66 米用生石膏 4 千克、车前草 4 千克，与黄豆混合打成浆，全池泼洒。

四、机械损伤

使用的工具不合适，或换注水时操作不慎，鱼体受到挤压或运输时受到强烈而长期的震动，都可能导致鱼体受到机械性损伤。

鱼受到机械性损伤后，往往感觉不适，甚至因受伤而死亡，有时虽然伤得并不严重，但因为损伤后往往会继发微生物或寄生虫病，也可引起后续性死亡。鱼体鳞片脱落（图 10-8）、鳍条折断、皮肤擦伤、出血（图 10-9），严重时还可以引起肌肉深处的创伤

（图 10-10）。鱼失去正常的活动能力，仰卧或侧游于水面。

图 10-8　机械操作不当导致鱼体鳞片脱落

图 10-9　机械操作不当直接造成鱼体出血

图 10-10　机械损伤引起鱼肌肉深处的创伤

一年四季均可发生。

1）鱼体受到损伤后，严重的可以立即引起死亡。

2）鱼体受到压伤后，可能会导致该部分皮肤坏死。

3）机械性损伤后的鱼体容易受到微生物感染，发生继发性疾病而加速其死亡。

预防措施

1）改进饲养条件和渔具、容器，尽量减少捕捞和搬运。在捕捞和搬运时要小心谨慎操作，并选择适当的时间。

2）室外越冬池的底质不宜过硬，在越冬前应加强育肥。

治疗方法

1）在人工繁殖过程中，因注射或操作不慎而引起的鱼体损伤，对受伤部位可采用涂抹金霉素或稳定性粉状二氧化氯软膏，然后将病鱼放在 2 毫克 / 升四环素药液中浸洗，对受伤较严重的鱼体也可以肌内注射链霉素等抗菌药物。

2）将病鱼放入 1~2 毫克 / 升的四环素、土霉素、青霉素等稀溶液里浸洗。

3）直接在病鱼外伤处涂抹红药水（避免涂在眼部），每天 1~2 次。

五、意外中毒

多为农药中毒，也有受到某种污染中毒的。

鱼鳃发黑（图 10-11），身体上无破损现象，多是急性死亡（图 10-12）。

图 10-11　鱼鳃发黑

图 10-12　鱼急性死亡

一年四季均可发生。

可导致鱼类大量死亡。

1）在鱼病治疗期间要对症治疗，不能乱用药物。

2）严格按规范使用水产杀虫药物，并注意这些药物的配伍禁忌。

1）用药期间密切观察鱼的状态，一旦发现中毒现象，应查明原因，大量换水，引进洁净水源稀释养殖池内的药物浓度，同时采取增氧措施。

2）有机磷农药中毒时，治疗原则以切断毒源、阻止或延缓机体对毒物的吸收、排出毒物、应用特效解毒药和对症治疗为主。

3）采用特效的解毒药，如可采用活性炭、硫酸阿托品、氯解磷定、双解磷定等，并结合施用葡萄糖、电解多维、甘草等具有辅助疗效的药物。

4）每立方米水体用“池塘解毒宝”或“水体解毒安”0.75 克，全池泼洒；同时使用“泼洒型应激宁”或“氨基酸葡萄糖”全池泼洒，每立方米水体用 0.75 克。

5）每立方米水体用 8~10 克高稳维生素 C、40 克硫酸新霉素（10%），混合后浸洗鱼体 1 小时，然后排水。

11

第十一章

营养性疾病的诊断与防治

一、营养缺乏症

病因 饲料单一，营养不全面，长期缺乏必需氨基酸，长期投喂不新鲜的饵料，或连续摄食引起鱼肝脏代谢障碍等原因所致。

症状 病鱼游动缓慢，体色暗淡，食欲不振。有的病鱼眼睛突出，生长缓慢（图 11-1），大部分病鱼患有脂肪肝综合征，如果遇到外界刺激，如水质突变、降温、拉网等，则应激能力差，会发生大批死亡（图 11-2）。鱼生长缓慢，经检查无寄生虫和细菌病，可确定为营养性疾病。

流行特点 一年四季均可发生。

危害
1）危害所有的鱼。
2）情况严重时可导致鱼死亡。

图 11-1　发生营养缺乏症的观赏鱼生长缓慢

图 11-2　发生营养缺乏症的鲢鱼，遇到外界刺激发生死亡

预防措施

1）避免使用腐败变质的饵料。

2）使用优质、配方合理的饲料。

治疗方法

1）使用脂肪含量高的饲料，并添加维生素 C 和 B 族维生素。

2）在饲料中添加 DL- 蛋氨酸，添加量为 15~60 毫克 / 千克体重（即 0.5~2 克 / 千克饲料）。

3）在饲料中添加 L- 赖氨酸盐，添加量为 30~150 毫克 / 千克体重（即 1~5 克 / 千克饲料）。

4）在饲料中添加色氨酸，添加量为 15~60 毫克 / 千克体重（即 0.5~2 克 / 千克饲料）。

5）在饲料中添加苏氨酸，添加量为 6~600 毫克 / 千克体重（即 0.2~20 克 / 千克饲料）。

二、鱼膘失调病

病因

饵料不足，夏、秋季营养差，体内脂肪含量很少，降低了鱼体对低温的抵抗力，使体内鳔的功能失去调节能力，引起位置感觉失常。

症状

冬天气温下降，病鱼侧卧池底，呈僵而不死的状态，用手触动，其懒洋地摆动几下尾鳍，暂时能恢复正常的游动，但很快又侧卧于池底。严重时，鱼体侧卧，一侧鳞片因摩擦而大量脱落，轻者可以挺过冬季到春暖时节，又能恢复正常游动，解剖病鱼，可见病鱼的

肝脏肿大发紫（图 11-3）。

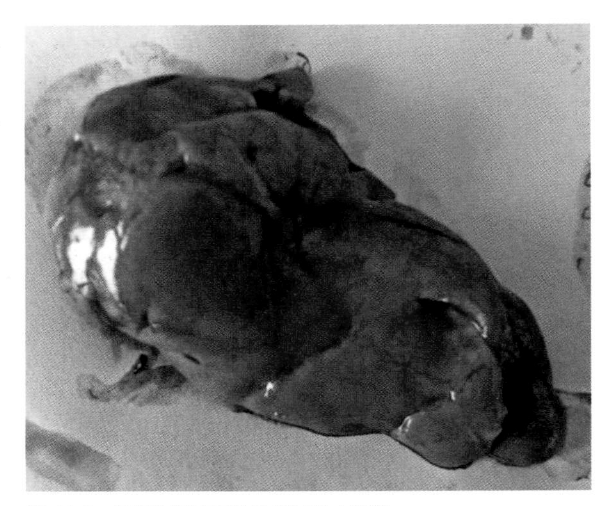

图 11-3 鱼鳔失调病导致的肝脏肿大发紫

只在冬季发生。

1）严重者可导致鱼类死亡。

2）治愈之后，即使显得很健康的鱼，也不能作繁殖亲鱼用。

1）增加鱼体营养。

2）在越冬前，多投喂脂肪含量较高的动物性活饵料。

将病鱼集中起来管理，提高水温，勤投饵料，很快可以恢复正常。

三、消化不良症

水温低、环境突变时投食过多，或夜间、运输过程中喂食易发生本病。

病鱼食欲不振，大便不通，腹部发胀（图 11-4），易引发肠炎病，粪便在肛门口长期不脱落。腹壁充血，肛门微红，压之流出黄水，不久即会死亡（图 11-5）。

图 11-4　消化不良症导致鱼的腹部发胀

图 11-5　患消化不良症的鲢鱼发生死亡

1）春、秋换季时易发生。

2）所有的鱼都可发生。

1）情况严重时可导致死亡。

2）可并发肠炎病。

温度低时，应及时采取措施适当提高水温。

1）将患病鱼移入清水中，停止喂食。

2）并发肠炎时，可用土霉素、硫酸庆大霉素等治疗。

四、萎瘪病

1）鱼放养量过大、饵料不足或越冬前饲养管理不好。

2）冬季低温期过长，鱼群长时间未摄食，体内营养消耗过多，且越冬后期的鱼体容易发生本病。

病鱼体色发黑、消瘦、背似刀刃（图 11-6），鱼体两侧肋骨可数，头大。鳃丝苍白，严重贫血，游动无力，严重时病鱼失去食欲，长时间不摄食，衰竭而死。

秋末和冬、春季为主要发病时期。

1）危害越冬的鱼，严重时可导致鱼死亡。

2）不同规格的鱼未及时分池，致使小规格的鱼因摄食不到足够的食物导致本病的发生。

越冬前加强管理，投喂足够饵料，使体内积累足够越冬的营养，避免越冬后鱼体过度消瘦。

1）发现病鱼及时适量投喂鲜活饵料，在疾病早期可以使病鱼恢复健康。

2）及时按规格分池饲养，投喂充足饵料。

图 11-6　体色发黑、消瘦、背似刀刃

五、跑马病

主要由于池塘中缺乏适口饵料，或饲养池漏水，影响水体肥度。鱼体长期顶水，体力消耗过大，也会引起跑马病。

病鱼围绕池边成群狂游（图 11-7），呈跑马状，即使驱赶鱼群也不散开，最后鱼体因大量消耗体力，消瘦、衰竭而死。

多发于春末和夏初的鱼苗、鱼种培育时期。

图 11-7　虹鳟鱼患跑马病，沿池边狂游

危害

可造成鱼苗、鱼种的大批死亡。

1）鱼苗的放养量不能过大，如果放养密度过大，必须增加投喂量。

2）饲养池不能有渗漏现象。

3）鱼苗饲养期间，应投喂适口饵料。

1）发生跑马病后，如果确定不是由车轮虫等寄生虫引起，可采用芦席从池边隔断鱼群游动的路线，并投喂豆渣、豆饼浆或蚕粕粉等鱼苗喜食的饵料，即可制止其群游现象。

2）可将饲养池中的鱼苗、鱼种分养到已经培养出大量浮游动物的饲养池中饲养。

六、脊柱弯曲病

由于稚鱼期使用药物不当、水质不良加上运动量不足或营养不良造成。

症状

病鱼的脊柱弯曲成S形（图11-8），有时鱼的鳃盖骨凹陷或嘴部、上下颚、鳍条、尾部等都出现畸形（图11-9）。

图11-8　黄颡鱼脊柱弯曲成S形

图11-9　鲫鱼尾部出现畸形

一年四季均可发生。

主要危害幼鱼。

1）改善营养，保证营养均衡而充分。

2）保持水质清洁。

3）精选鱼种，凡患有脊柱弯曲病的鱼，都不宜留作繁殖亲鱼。

加强孵化管理，严防多种因素致鱼中毒。

第十二章

敌害类疾病的防治

一、鱼类常见敌害的防治

在鱼类养殖中，敌害是必须预防的很重要的一类病害，因为有些敌害是疾病的传播者，有些敌害是其他寄生虫病的中间寄主，而更重要的是许多敌害本身会对养殖鱼类造成巨大的危害，如吞噬鱼苗等，因此，敌害是水产养殖上必须清除的对象。

1. 甲虫

甲虫种类较多，其中较大型的体长达 40 毫米（图 12-1），常在水边泥土内筑巢栖息，白天隐居于巢内，夜晚或黄昏活动觅食，常捕食大量鱼苗。

图 12-1　水生甲虫

防治

1）生石灰清塘，每亩水面水深 1 米施生石灰 75~100 千克，溶水后全池泼洒。

2）用 0.5 毫克 / 升的 90% 晶体敌百虫全池泼洒。

2. 龙虾

龙虾是一种分布很广、繁殖极快的杂食性虾类，在饲养鱼苗池中大量繁殖时既伤害鱼苗又可吞食大量鱼苗，危害特别严重，必须采取有效措施加以防治（图 12-2）。

图 12-2　龙虾

1）生石灰清塘，每亩水面水深 1 米施生石灰 75~100 千克，溶水后全池泼洒。

2）发生危害时，每亩水面水深 1 米用 20% 氰戊菊酯 2 支溶水后稀释，再加少量洗衣粉于溶液中充分搅匀后全池泼洒。

3. 水斧

水斧呈扁平细长状，体长为 35~45 毫米，全身呈黄褐色。它以口吻刺入鱼体吸食血液为生而致鱼苗死亡。

1）用生石灰清塘。

2）用西维因粉剂溶水全池均匀泼洒。

3）用 0.5 毫克 / 升的 90% 晶体敌百虫全池泼洒。

4. 水螅

水螅是淡水中常见的一种腔肠动物，一般附着于池底石头、水草、树根或其他物体上，在其繁殖旺期可大量吞食鱼苗，对渔业生产危害极大。

1）清除池水中水草、树根、石头及其他杂物，让水螅没有栖息场所，无法生存。

2）用 0.5 毫克 / 升的 90% 晶体敌百虫全池泼洒。

5. 水蜈蚣

水蜈蚣又称为马夹子，是龙虱的幼虫，5~6 月大量繁殖时，对鱼苗危害很大（图 12-3）。1 只水蜈蚣一夜间能夹食鱼苗 10 多尾，危害极大（图 12-4）。

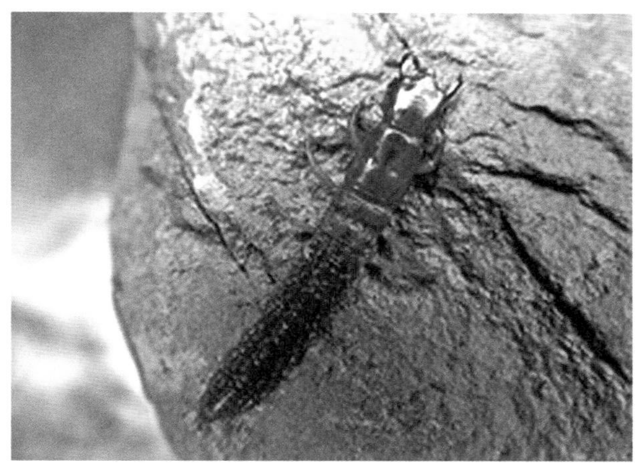

图 12-3　水蜈蚣

图 12-4　水蜈蚣在咬食鱼苗

1）用生石灰清塘，每亩水面水深 1 米施生石灰 75~100 千克，溶水后全池泼洒。

2）每立方米水体用 90% 晶体敌百虫 0.5 克，溶水后全池泼洒。

3）灯光诱杀：用竹木搭方形或三角形框架，框内放置少量煤油，天黑时点燃煤油灯，水蜈蚣趋光而至，接触煤油后会窒息而亡。

6. 剑水蚤

剑水蚤是鱼苗生长期的主要敌害之一，当水温在 18℃以上时，水质较肥的鱼池中剑水蚤较易繁殖，既会咬死鱼苗，又消耗饲养池中的溶解氧，影响鱼苗生长（图 12-5）。

每亩水面水深 1 米用 90% 的晶体敌百虫 0.3~0.4 千克，溶水后全池泼洒。

图 12-5　剑水蚤

7. 红娘华

红娘华虫体长为 35 毫米，呈黄褐色。常伤害 30 毫米以下鱼苗（图 12-6）。

1）用生石灰清塘。

2）用 0.5 毫克 / 升的 90% 晶体敌百虫全池泼洒。

8. 水鳖虫

水鳖虫虫体扁平而大，呈黄褐色。水鳖虫前肢发达强健，常用有力的脚爪夹持鱼苗吸其血而导致鱼苗死亡。

1）生石灰清塘。

2）用 0.5 毫克 / 升的 90% 晶体敌百虫全池泼洒。

9. 松藻虫

松藻虫（图 12-7）虫体呈船形，黄褐色，游泳时腹部朝上，常用口吻刺入鱼苗体内致其死亡后再食之。

图 12-6　正在捕食鱼苗的红娘华

图 12-7　松藻虫

1）生石灰清塘。

2）用 0.5 毫克 / 升的 90% 晶体敌百虫全池泼洒。

二、水网藻的防治

水网藻常生长于有机物丰富的肥水中，是一种绿藻，在春、夏季大量繁殖时，既消耗池中大量的养分，又常缠住鱼苗（图 12-8），危害极大。

图 12-8　水网藻缠住鱼苗

1）用生石灰清塘。

2）水网藻大量繁殖时全池泼洒 0.7~1 毫克 / 升的硫酸铜，同时用 80 毫克 / 升的生石膏粉连续 3 次全池泼洒，每次间隔时间为 3~4 天，放药在下午喂鱼后进行，放药后注水 10~20 厘米效果更好。

三、青泥苔的防治

青泥苔属丝状绿藻，消耗饲养池中的大量养分，影响浮游生物的正常繁殖。而当青泥苔大量繁殖时，会严重影响鱼苗活动，有时会将鱼苗缠绕致死（图 12-9）。

图 12-9　青泥苔对鱼苗伤害很大

1）用生石灰清塘。

2）全池泼洒 1 次硫酸铜，药物浓度为 0.7~1 克 / 米 ^{3}。

3）投放鱼苗前每亩水面用 50 千克草木灰撒在青泥苔上，使其不能进行光合作用而大量死亡。

4）每立方米水体用生石膏粉 80 克，分 3 次全池均匀泼洒，每次间隔时间为 3~4 天，如果青泥苔严重，用量可增加 20 克，泼洒在下午喂鱼后进行，泼洒后注水 10~20 厘米效果更好。

四、小三毛金藻、蓝藻等的防治

小三毛金藻、蓝藻等藻类大量繁殖时会产生毒素，使鱼苗出现似缺氧而浮头的现象，常在 12 小时内造成鱼苗大量死亡。

1）用生石灰清塘。

2）适当施肥，避免使用未经处理的各种粪肥；泼洒生石灰，培养益生藻类与有益菌类以抑制毒藻的繁殖；有条件的可用人工培育的有益藻类干预养殖水体的藻相。

3）提高水位，并通过施用优质肥料、投喂优质饵料等措施促进有益浮游植物的大量生长繁殖，以降低池水的透明度，使底栖蓝藻得不到足够的光照。

4）提高水位，施用“氨基酸肥水精华素”“肥水专家”或“造水精灵”等肥料，每立方米水体用量为2.2克，全池泼洒，使用1次。

5）适当换水或使用杀藻剂，如铜铁合剂（硫酸铜：硫酸亚铁5：2）0.4~0.7毫克/升，控制藻类密度。

6）施用水质嘉或双效底净，每立方米水体用量为0.5克或1.5克，第二天施用肥水宝二号和益生活水素，每立方米水体用量为1克和0.5克，可治疗小三毛金藻。

7）施用清凉解毒净，每立方米水体用量为1.5克，第二天，施用水立肥和盛邦活水素，每立方米水体用量为1克和0.5克，可治疗小三毛金藻。

五、凶猛鱼类和其他敌害的防治

对养殖鱼类造成危害的凶猛鱼类品种主要有鳜鱼、泥鳅、黄鳝、鲶鱼、乌鳢等。对它们的处理方法就是加强饲养池的清塘，发现一尾坚决杀灭。

对养殖鱼类造成极大危害的敌害主要有蛇、蟾蜍、青蛙、蝌蚪及其卵、水鸟、鸭、田鼠等。根据不同的敌害应采取不同的处理方法，见到青蛙的受精卵和蝌蚪就要立即捞走；对于水鸟可用鞭炮，或扎稻草人或用死的水鸟来驱赶；对于鸭子则要加强监管工作，不能放任其下塘；对于鼠类可用地笼、鼠夹等诱杀，见到鼠洞立即灌毒鼠强来杀灭。

参考文献

[1]《全国中草药汇编》编写组. 全国中草药汇编－上册 [M]. 北京：人民卫生出版社，1975.

[2] 黄琪琰，等. 鱼病学 [M]. 上海：上海科学技术出版社，1983.

[3] 黄琪琰. 水产动物疾病学 [M]. 上海：上海科学技术出版社，1993.

[4] 凌熙和. 淡水健康养殖技术手册 [M]. 北京：中国农业出版社，2001.

[5] 占家智，羊茜. 观赏鱼疾病看图防治 [M]. 北京：化学工业出版社，2014.

[6] 占家智，凌武海，羊茜. 翘嘴红鲌养殖实用技术问答 [M]. 北京：中国农业出版社，2008.

[7] 占家智，羊茜. 黄鳝泥鳅疾病看图防治 [M]. 北京：化学工业出版社，2014.

[8] 占家智，羊茜. 轻轻松松防治鱼病 [M]. 北京：化学工业出版社，2019.

[9] 石传翠. 鱼病防治实用手册 [M]. 合肥：安徽科学技术出版社，2011.

[10] 家庭生活百科编委会. 鱼病防治 1000 问 [M]. 长春：吉林科学技术出版社，2008.